커피가 사랑한 도시들

커피가 사랑한 도시들

초판 1쇄 발행 2026년 3월 14일

지은이 이종호

펴낸이 김선기
편집 고소영·이선주
펴낸곳 (주)푸른길
출판등록 1996년 4월 12일 제16-1292호
주소 (08377) 서울시 구로구 디지털로 33길 48 대륭포스트타워 7차 1008호
전화 02-523-2907, 6942-9570
팩스 02-523-2951
이메일 purungilbook@naver.com
홈페이지 www.purungil.com
ISBN 979-11-7267-098-6 03980

커피가 사랑한 도시들

이종호

프롤로그

오래된 질문에 답을 찾다

　지금으로부터 약 30년 전, 저는 영국으로 유학길에 올랐습니다. 익히 알려진 대로 영국은 홍차의 나라였고, 저 또한 자연스럽게 그 문화에 스며들었습니다. 얼그레이를 비롯한 다채로운 홍차의 세계에 푹 빠져 지내며, 커피는 으레 마시던 믹스커피 외에 다른 것을 떠올릴 필요가 없는 시절이었습니다.

　변화는 예기치 않은 여행길에서 찾아왔습니다. 밀레니엄을 앞둔 어느 겨울날, 도버 해협을 건너 장시간의 여정에 지친 채 낯선 도시의 카페에 앉았습니다. 무심코 주문했던 작은 잔의 에스프레소. 한 모금 마시는 순간, 정신이 번쩍 들게 하는 쓴맛과 혀끝을 감도는 달콤쌉쌀한 후미는 제가 알던 커피와는 전혀 다른 차원의 세계였습니다. 그 강렬한 기억은 제 마음속에 작지만 선명한 흔적을 남겼습니다.

　그 후 커피의 세계를 탐닉하기 시작했지만, 그것은 어디까지나 개인적인 취미의 영역이었습니다. 그러다 오랜 시간이 흐른 어느 날, 한 스타벅스 매장 벽면에 쓰인 문장과 마주쳤습니다.

"Geography is a flavor 지리가 맛이 된다!"

그 문구를 본 순간, 오래전 여행의 강렬한 경험과 함께 하나의 질문이 선명하게 떠올랐습니다. "도대체 이 한 잔의 커피는 어디에서, 어떤 길을 거쳐 내 손에 오게 된 것일까?"

경제지리학자로서 산업의 가치사슬value chain을 탐구해 온 저의 학문적 배경은 이 질문에 불을 지폈습니다. 커피 한 잔의 맛과 향이 단지 품종이나 로스팅의 결과물이 아니라면, 그것이 거쳐 온 장소들의 역사, 문화, 산업, 즉 '지리' 속에 답이 있을 거라는 확신이 들었습니다. 커피콩이 아닌, 커피가 지나온 도시들을 따라가 보기로 마음먹은 이유입니다.

이 책은 바로 그 여정의 기록이자, 커피의 가치사슬을 따라가는 지리적 탐사입니다. 독자 여러분에게 가치사슬이란 말이 조금 낯설게 들릴 수도 있겠습니다. 간단히 말해, 커피콩 하나가 농장을 떠나 우리 손 안의 커피 한 잔이 되기까지, 생산-가공-유통-소비처럼 가치가 더해지는 모든 과정을 하나의 사슬로 엮어 보는 개념입니다.

다만 본격적인 도시 탐사에 앞서, 우리는 커피의 근원을 이해하는 최소한의 기초 지식이 필요합니다. 이를 위해 '제1장 한 잔의 커피가 오기까지'를 먼저 배치하여, 앞으로 우리가 함께 떠날 여정의 든든한 나침반이 되어줄 기본 개념들을 쉽게 풀어 설명했습니다.

그 기초 위에서, 책의 본론은 커피 가치사슬의 단계를 따라 펼쳐집니다.

커피나무가 자라는 '생산커피벨트 산지 – 제5장', 원두가 가공되고 세계로 퍼져 나가는 '가공 및 유통항구와 로스팅 – 제2장', 사람들이 커피를 즐기는 '소비제3의 공간으로서 카페 – 제3장', 그리고 커피 경험을 완성하는 '장비 제조업머신과 커피 잔 – 제4장'입니다. 제2장부터는 이 네 영역에 맞춰 각 단계를 상징하는 도시들 을 찾아 그곳에 얽힌 이야기를 풀어냈습니다.

저는 커피 전문가가 아니기에 원두를 감별하거나 평가하지 않습니다. 대신 지리학자의 시선으로 도시의 골목을 걷고 역사를 들여다보며, 커피 가 어떻게 한 도시의 운명을 바꾸고 또 도시는 어떻게 커피의 문화와 산업 을 빚어냈는지 담담하게 관찰할 뿐입니다.

이 책을 길잡이 삼아 베네치아의 오래된 카페에서 역사의 향기를 느끼 고, 시애틀의 현대적인 매장에서 산업의 흐름을 읽으며, 멜버른의 골목에 서 장인들의 자부심을 만나다 보면, 어느새 여러분 손에 들린 커피 한 잔 이 전혀 다른 이야기를 건네고 있음을 발견하게 될 것입니다.

부디 이 책이 독자 여러분에게 커피를 이해하는 새로운 창이 되고, 세계 를 읽는 또 하나의 즐거운 렌즈가 되어주기를 바랍니다. 이제 저의 오래된 질문에 대한 답을 찾는 여정에, 여러분을 동반자로 초대합니다.

제 1 장

한 잔의 커피가
오기까지

매일 마시는 커피, 우리는 얼마나 알고 있을까요?
한 잔의 커피가 우리에게 오기까지 거치는 기나긴
여정, 그 시작점은 바로 '땅'입니다. 커피나무가 뿌
리내린 토양, 햇살, 바람. 이 모든 지리적 환경이 커
피의 맛과 향을 결정합니다. 이번 장은 앞으로 펼쳐
질 커피 도시의 이야기에 앞서, 커피의 근원을 이해
하는 단단한 기초를 제공합니다.

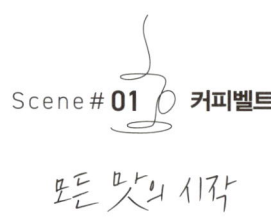

Scene # 01 ☕ **커피벨트**

모든 맛의 시작

커피벨트란?

만약 우리가 우주에서 지구를 내려다보며 커피나무가 자라는 곳에만 환한 불을 켤 수 있다면, 어떤 모습이 나타날까? 우리가 살고 있는 온대지방을 비롯해 추운 극지방이나 광활한 사막지대는 칠흑 같은 어둠에 잠기게 될 것이다. 그 대신 적도를 중심으로 마치 굵은 허리띠를 두른 것처럼 환한 빛의 띠가 선명하게 나타날 것이다. 이곳이 바로 전 세계 커피의 고향이자 생명의 원천인 커피벨트Coffee Belt다.

커피벨트와 주요 커피 생산국

커피나무는 까다로운 취향을 가진 섬세한 식물이다. 너무 더워도, 너무 추워도 견디지 못한다. 일 년 내내 따스한 햇살이 필요하지만, 동시에 그늘에서 쉬기도 해야 한다. 비는 충분히 내려야 하지만, 그렇다고 너무 많이 와서도 안 된다. 이 모든 조건을 만족시키는 최적의 장소가 바로 적도를 기준으로 북위 25°와 남위 25° 사이, 대략적으로 북회귀선 북위 23.5°과 남회귀선 남위 23.5° 사이에 있는 열대 및 아열대 기후 지역에 집중되어 있다.

커피벨트 지도를 따라 왼쪽에서부터 오른쪽으로 시선을 움직이다 보면 우리 귀에 익숙한 이름들이 차례로 나타난다. 세계 최대 커피 생산국 브라질과 마일드 커피의 대명사 콜롬비아가 있는 남미, 커피의 역사가 시작된 에티오피아와 케냐가 자리한 아프리카, 그리고 로부스타 생산 대국 베트남과 독특한 향의 인도네시아가 있는 아시아까지. 약 70여 개의 나라가 커피벨트 위에 옹기종기 모여 전 세계 커피 생산량의 대부분을 차지하고 있다.

아라비카 커피의 발상지로 알려진 에티오피아 카파(Kaffa) 지역. 에티오피아 언어에서 로마자 표기 체계 차이로 Kaffa, Kafa, Kaafa 등으로 다양하게 표기되나 Kaffa가 가장 보편적으로 쓰인다. 울창한 숲, 풍부한 생물 다양성, 고도, 기후, 토양 등 커피나무가 자라는 데 이상적인 조건을 갖추고 있다.

그렇다면 커피벨트에서만 커피가 생산되는 비밀은 무엇일까?

그 비밀은 온도, 강수량, 햇빛이라는 세 가지 열쇠로부터 찾을 수 있다.

첫 번째 열쇠, 온도. 커피나무는 연평균 기온이 18~22℃ 사이일 때 가장 왕성하게 자란다. 인간에게도 가장 쾌적하게 느껴지는 이 온도에서는 커피 열매가 너무 빨리 익어버리거나 성장을 멈추지 않고, 천천히 속을 채워가며 풍부한 향과 맛의 성분들을 응축하게 된다. 서리가 내리는 추위는

커피나무에 핀 하얀 꽃과 커피 열매의 모습

커피나무에게는 치명적이며, 30℃를 훌쩍 넘는 폭염은 잎을 타게 하고 열매의 품질을 떨어뜨린다.

두 번째 열쇠, 강수량. 커피나무는 연간 1,500~2,000mm 정도의 비를 필요로 한다. 이는 마치 일 년 내내 주기적으로 샤워를 시켜주는 것과 같다. 충분한 수분은 커피나무가 광합성을 하고 열매를 키우는 데 필수적이다. 하지만 흥미롭게도, 커피나무가 마냥 비를 좋아하는 것은 아니다. 꽃을 피우고 열매를 맺기 위해서는 비가 오지 않는 시기, 즉 건기乾期가 반드시 필요하다. 건기 동안 잠시 휴식을 취하며 생장의 스트레스를 받은 커피나무는 비가 오는 시기인 우기雨期가 시작되면 약속이라도 한 듯 일제히 하얀 꽃망울을 터뜨린다. 이 시기가 어긋나면 그해의 커피 농사는 흉년이 되기도 한다.

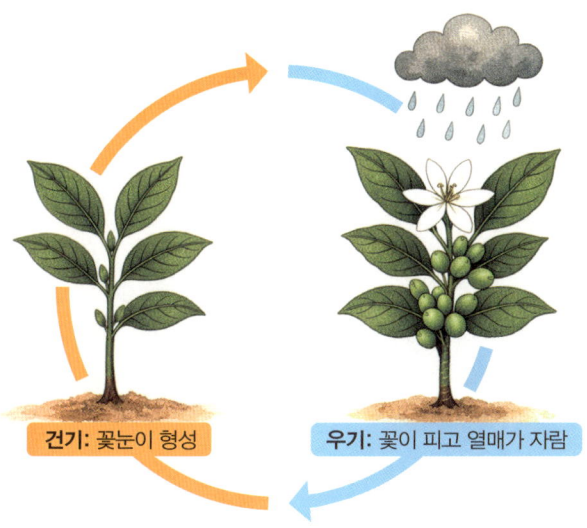

건기: 꽃눈이 형성

우기: 꽃이 피고 열매가 자람

건기와 우기에 따른 커피나무의 변화

마지막 세 번째 열쇠, 햇빛. 커피나무는 기본적으로 햇빛을 좋아한다. 하지만 너무 강한 직사광선은 오히려 해가 된다. 사람도 뜨거운 여름날에는 나무 그늘을 찾듯 커피나무 역시 다른 키 큰 나무shade tree의 그늘 아래에서 자랄 때 더 건강하고 맛있는 열매를 맺을 수 있다. 이 그늘은 강한 햇빛을 부드럽게 걸러주고, 토양의 수분이 너무 빨리 증발하는 것을 막아주며, 다양한 생물이 함께 살아가는 건강한 생태계를 만들어주는 역할까지 한다.

이처럼 커피벨트는 단순히 지도 위에 그어진 선이 아니라, 커피나무가 살아 숨 쉬고 최고의 열매를 맺을 수 있도록 자연이 설계한 거대하고 정교한 온실인 셈이다.

커피나무의 셰이드 그로운(shade grown) 개념

커피의 개성을 결정하는 요소

위에서 살펴보았듯이 커피벨트는 커피가 이 세상에 태어나기 위한 거대한 자연 온실에 해당한다. 하지만 같은 온실 안에서도 어떤 화분은 유난히 향기로운 꽃을 피우고, 어떤 화분은 더 달콤한 열매를 맺는다. 커피벨트라는 넓은 범주 안에서도, 각기 다른 지역의 커피가 저마다의 독특한 개성을 뽐내는 이유는 무엇일까?

그 비밀은 바로 고도altitude, 토양soil, 지형topography의 세 가지 요소가 빚어내는 미묘한 차이 속에 숨어 있다. 이 세 요소는 마치 화가의 팔레트 위에 놓인 물감과도 같다. 같은 빨간색이라도 어떤 색과 섞느냐에 따라 수없이 많은 빨간색이 만들어지듯 이 요소들이 어떻게 조합되느냐에 따라 무한히 다채로운 커피의 맛과 향이 탄생한다.

첫째, 고도는 커피의 섬세한 향을 결정한다. 커피 애호가들은 해발고도가 높은 곳에서 생산된 고지대 커피를 좋아한다. 해발 1,000m 이상의 높은 산지는 일교차가 크다. 낮에는 적도의 강렬한 햇살을 받아 커피나무가 열심히 광합성을 하며 당분과 유기산을 만들어낸다. 그러다 밤이 되면 기온이 서늘하게 뚝 떨어진다. 이때 커피나무는 낮 동안 만든 에너지를 성장에 모두 소모하지 않고, 열매 안에 차곡차곡 비축하기 시작한다. 마치 뭉근한 불에서 오랫동안 끓인 수프가 더 깊고 진한 맛을 내는 것처럼 커피 열매는 낮은 밤 기온 덕분에 호흡을 늦추고 천천히, 아주 천천히 익어간다.

이 느림의 미학은 커피 열매의 밀도를 높여 원두를 더 단단하게 만든다. 그리고 이 단단한 조직 안에는 우리가 커피에서 느끼고 싶어 하는 화사한 꽃 향기, 상큼한 과일의 산미, 달콤한 여운 같은 복합적인 향미 성분들이 훨씬 더 풍부하게 응축된다. 그래서 고지대 커피는 종종 SHB_{Strictly Hard Bean, 매우 단단한 커피콩이라는 의미}라는 최상급 등급으로 분류되며, 그 특별한 가치를 인정받는 것이다.

둘째, 토양은 커피의 맛과 질감_{body}에 영향을 준다. 커피나무는 특히 화산재 토양을 좋아한다. 화산 활동으로 만들어진 토양은 인, 칼륨, 칼슘 등 커피나무의 성장에 필요한 미네랄과 영양분을 풍부하게 머금고 있는 천연 비료와도 같다. 또한 입자가 굵어 물이 잘 빠지는 특성 덕분에 뿌리가 썩을 걱정 없이 건강하게 뻗어나갈 수 있다. 중앙아메리카나 콜롬비아의 안데스 산맥, 아프리카의 킬리만자로 산비탈 같은 세계적인 커피 산지들이 대부분 화산 지대에 자리한 것은 결코 우연이 아니다.

갈레라스 화산이 만든 비옥한 토양과 뛰어난 배수성 덕분에, 우일라(Huila), 카우카(Cauca)와 함께 콜롬비아의 대표적인 스페셜티 커피 산지로 꼽히는 나리뇨(Nariño)의 커피 농장 풍경

브라질의 붉은 땅 테라로사_{terra rossa}처럼 철분을 많이 함유한 토양은 커피에 고소한 견과류의 풍미와 초콜릿 같은 단맛을 더해주기도 한다. 이처럼 토양은 그 땅이 가진 고유의 성분과 역사를 커피 열매 속에 각인시킨다. 와인에서 포도밭의 토양과 환경을 일컫는 테루아_{terroir}라는 개념이 커피에도 그대로 적용되는 셈이다.

셋째, 지형 조건은 고도와 토양이라는 배우들이 최고의 연기를 펼칠 수 있도록 무대를 마련해준다. 대부분의 고품질 아라비카 커피는 가파른 산비탈에서 재배된다. 경사진 지형은 물이 고이지 않고 자연스럽게 흘러내리게 해주는 훌륭한 배수 시스템 역할을 한다. 또한, 경사면의 방향에 따라 햇빛을 받는 양과 시간이 달라져, 바로 옆에 있는 농장이라도 미묘하게 다른 맛의 커피가 생산되기도 한다.

물론, 이런 가파른 지형은 기계의 접근이 어려워 수확부터 관리까지 모든 것을 사람의 손에 의지해야 한다. 이는 비용 상승의 원인이 되기도 하

브라질 최대의 커피 산지 미나스제라이스주 평원의 대규모 커피 플랜테이션 풍경

지만, 잘 익은 체리만을 골라 따는 핸드피킹hand-picking을 가능하게 해 커피의 품질을 끌어올리는 중요한 요인이 된다. 반면, 브라질의 광활한 고원처럼 평평한 지형은 대규모 기계화 농업에 유리하다. 덕분에 적은 인력으로 훨씬 많은 양의 커피를 생산할 수 있지만, 커피의 섬세함이나 개성은 다소 부족해진다.

이처럼 고도, 토양, 지형은 서로 긴밀하게 얽혀 상호작용하며 각 커피 산지만의 독특한 맛의 특성을 가지게 만든다.

커피의 두 품종

전 세계 커피 시장은 아라비카arabica와 로부스타robusta 두 품종이 양분하고 있다. 두 품종은 학술적으로 각각 코페아 아라비카coffea arabica와 코페아 카네포라coffea canephora라는 이름으로 불리는 별개의 종이다. 동물에 빗대자면 마치 같은 고양이과에 속하지만 사자와 호랑이가 다르듯 아라비카와 로부스타는 생김새부터 맛, 성격, 그리고 우리가 즐기는 방식까지 모든 면에서 뚜렷한 차이가 있다.

아라비카

우리가 카페에서 마시는 커피 중에서 에티오피아 예가체프, 콜롬비아 우일라처럼 산지의 이름이 붙어 있는 커피는 거의 전부 아라비카 품종이다. 전 세계 커피 생산량의 약 70%를 차지한다.

아라비카의 가장 큰 특징은 복합적이고 화려한 향과 맛이다. 잘 익은 과일의 상큼한 산미, 피어나는 꽃의 향긋함, 와인과 같은 섬세한 여운, 꿀 같은 달콤함까지. 아라비카는 수백 가지에 이르는 다채로운 향미를 품고 있어 마시는 이에게 풍부한 경험을 선사한다. 카페인 함량은 약 1.5%로 상대적으로 적다.

하지만 아라비카는 앞에서 살펴본 고산지대의 까다로운 조건해발 800 ~ 2,000m, 서늘한 기온, 충분한 강수량에서만 자라며, 병충해와 기후 변화에 매우 취약하다. 조금만 환경이 맞지 않아도 쉽게 병들어버리는 예민한 성격 탓에 재배에 많은 노력과 비용이 들어간다. 생두의 모양은 길쭉한 타원형을 띤다.

로부스타

강인한robust이라는 뜻의 어원에서 알 수 있듯이 로부스타 품종은 아라비카보다 훨씬 척박한 환경에서도 잘 자란다. 더 낮은 고도와 높은 온도에

아라비카(좌)와 로부스타(우)는 육안으로 판별할 수 있을 정도로 크기와 모양이 다르다.

서도 끄떡없으며, 병충해에 대한 저항력도 매우 강하다. 덕분에 대량생산이 용이하여 주로 베트남, 브라질, 인도네시아 등지에서 많이 재배된다.

부드럽고 섬세한 맛과 향을 가진 아라비카와 달리 로부스타의 맛은 강하고 쓴맛, 구수한 곡물 향, 초콜릿 같은 묵직한 바디감이 특징이다. 특히 로부스타의 카페인 함량은 아라비카의 2배가 넘는 수준약 2.5% 이상으로, 마셨을 때 강한 각성 효과를 준다.

이런 특징 때문에 로부스타는 주로 인스턴트 커피동결건조 커피의 주원료로 사용된다. 또한 이탈리아식 에스프레소 블렌드에 일부 첨가되어 풍부한 거품 층인 크레마crema를 만들고, 커피의 묵직한 바디감을 더해주는 중요한 역할을 하기도 한다. 생두는 아라비카보다 작고 동그란 모양을 하고 있다.

아라비카와 로부스타 비교

구분	아라비카	로부스타
맛과 향	복합적, 화사함, 과일 산미, 꽃 향	단순함, 쓴, 구수함, 묵직함
카페인	약 1.5%	약 2.5% 이상
재배조건	고지대(800~2,000m), 까다로움	저지대(0~800m), 병충해에 강함
생두 모양	타원형	원형
주요 용도	스페셜티 커피, 원두 커피	인스턴트 커피, 에스프레소 블렌드
생산 비중	전 세계의 약 70%	전 세계의 약 30%

Scene # **02** **가공과 로스팅**

커피의 개성을 결정하는 시간

수확

커피 농장의 일 년 중 가장 분주하고 중요한 시기는 단연 수확기이다. 커피나무는 신기하게도 한 가지에 잘 익은 붉은 체리, 아직 익어가는 노란 체리, 덜 익은 초록색 체리가 함께 열리곤 한다. 여기서 어떤 체리를 어떻게 따느냐에 따라 커피의 품질이 결정된다. 앞에서 설명했듯이, 커피 체리를 따는 방식은 크게 핸드피킹과 스트립피킹strip-picking으로 나누어진다.

핸드피킹은 농부들이 일일이 손으로 잘 익은 붉은 체리만을 골라 따는 방

콜롬비아 고지대 커피 농장에서 핸드피킹으로 커피 체리를 따는 모습(좌)과 브라질 커피 농장에서 기계로 커피 체리를 수확하는 모습(우)

식이다. 시간과 노동력이 많이 들지만, 균일하고 높은 품질의 커피를 얻을 수 있기 때문에 대부분의 스페셜티 커피는 주로 이 방식을 통해 수확된다.

스트립피킹은 가지의 위아래를 한번에 손으로 훑거나 기계를 이용해, 익은 것과 덜 익은 것을 가리지 않고 모든 체리를 한꺼번에 수확하는 방식이다. 이 때문에 수확 후 별도의 선별 과정을 거치기는 하지만 품질의 균일성은 떨어질 수밖에 없다. 그럼에도 이 방식은 효율성을 중시하는 대량생산에 적합해 브라질의 대규모 농장 등에서 주로 사용된다.

가공

수확한 커피 체리는 신선도를 유지하기 위해 최대한 빨리 가공 공장으로 옮겨져야 한다. 체리를 그대로 두면 금방 발효가 시작되어 맛이 변질되기 때문이다. 가공이란, 커피 체리의 과육과 점액질을 제거하고 씨앗, 즉 생두green bean를 얻어내는 과정이다. 이 가공 방식에 따라 커피의 맛과 향이 완전히 달라진다. 대표적인 가공 방식은 워시드, 내추럴, 허니 프로세싱이다.

첫째, 워시드 프로세싱washed processing은 가장 현대적이고 널리 쓰이며, 물을 사용해 생두를 깨끗하게 씻어내는 방법이다. 이 방식으로 가공된 커피는 잡미 없이 깔끔하고 청량한 맛, 밝고 상큼한 산미가 특징이다.

둘째, 생두를 햇빛에 건조시키는 전통적인 가공 방식인 내추럴 프로세싱natural processing은 드라이 프로세싱dry processing이라고도 하며, 에티오피아나 예멘 등지의 물이 귀한 산지에서 오랫동안 행해온 방식이다. 이 방식은 건조되는 동안 과육의 당분과 향미 성분이 생두에 그대로 스며들어, 진한 과일 향딸기, 블루베리, 와인 같은 발효취, 묵직한 바디감과 강렬한 단맛을 만들어낸다. 개성이 매우 강하고 매력적이지만, 자칫 잘못하면 불쾌한 발효취가 날 수 있어 세심한 관리가 필요하다.

셋째, 허니 프로세싱honey processing은 워시드와 내추럴의 특징을 절충한 방식이다. 이 방식은 점액질을 얼마나 남기느냐에 따라 옐로우 허니, 레드 허니, 블랙 허니 등으로 나뉘며, 워시드의 깔끔함과 내추럴의 달콤함을 동시에 느낄 수 있는 균형 잡힌 맛과 풍부한 단맛, 부드러운 질감을 선사한다.

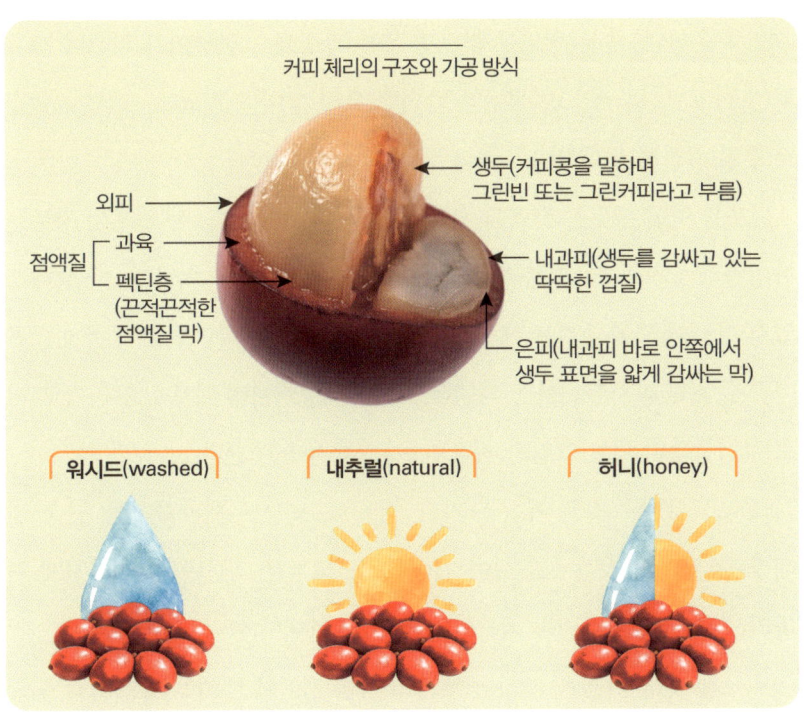

커피 체리의 구조와 가공 방식

외피

점액질 ⎰ 과육
      ⎱ 펙틴층
      (끈적끈적한
      점액질 막)

생두(커피콩을 말하며 그린빈 또는 그린커피라고 부름)

내과피(생두를 감싸고 있는 딱딱한 껍질)

은피(내과피 바로 안쪽에서 생두 표면을 얇게 감싸는 막)

워시드(washed)　　　내추럴(natural)　　　허니(honey)

이처럼 같은 농장에서 수확한 체리라도 어떤 방식으로 가공하느냐에 따라 전혀 다른 커피가 되어, 우리에게 다채로운 선택지를 제공해준다.

건조, 선별, 그리고 등급

가공을 마친 커피 생두는 아직 완전한 상태가 아니다. 이제부터 생두는 긴 유통과 보관 기간을 견디고, 로스터의 손에서 최고의 맛을 낼 수 있도록 마지막 단련의 과정을 거쳐야 한다. 이 과정은 크게 건조drying, 탈곡과 선별hulling & sorting, 등급grading으로 이루어진다.

먼저, 생두는 가공 방식을 막론하고, 수분 함량이 11~12%가 될 때까지 건조해야 한다. 수분이 너무 많으면 유통 과정에서 곰팡이가 피거나 변질되기 쉽고, 너무 적으면 생두가 가진 고유의 향미를 잃고 로스팅 시 제대로 맛을 발현하지 못한다.

건조를 마친 생두는 탈곡과 선별 과정을 거치게 된다. 잘 건조된 생두는 파치먼트parchment라고 불리는 얇고 질긴 속껍질에 싸여 있다. 이 상태로 일정 기간 창고에서 휴지기레스팅를 거쳐 안정화시킨 뒤, 수출 직전에 탈곡기를 이용해 파치먼트를 벗겨낸다. 이 과정을 거치면 비로소 우리가 흔히 보는 청록색의 생두 그린빈green bean이 모습을 드러낸다.

하지만 이 생두들은 아직 크기도, 밀도도, 모양도 제각각이며, 간혹 벌레 먹거나 깨진 결점두가 섞여 있다. 이 결점두는 조금만 섞여도 전체 커피의 맛을 망치는 주범이 되므로, 반드시 골라내야 한다.

이 모든 선별 과정을 거친 생두는 국가별 기준에 따라 최종적으로 등급이 매겨진다. 등급은 생두의 크기, 재배 고도, 결점두의 수 등을 종합하여 결정되며, 해당 커피의 품질을 나타내는 일종의 신분증 역할을 한다.

예를 들어, 케냐에서는 생두의 크기에 따라 'AA', 'AB' 등으로 등급을 매기고, 콜롬비아에서는 '수프리모Supremo', '엑셀소Excelso'로 나눈다. 에티오피아는 결점두의 수에 따라 'Grade 1G1'부터 'Grade 5G5'까지 분류하는데, 숫자가 낮을수록 등급이 높다. 이 등급은 전 세계의 생두 구매자들이 커피를 거래하는 중요한 기준이 된다.

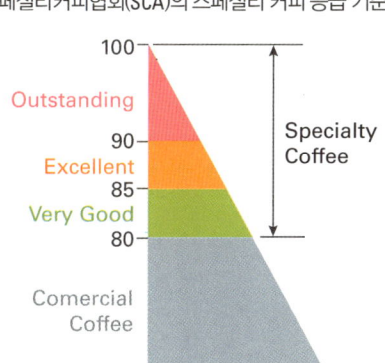

스페셜티커피협회(SCA)의 스페셜티 커피 등급 기준

SCA 등급 기준은 스페셜티 커피 산업에서 전 세계적으로 가장 널리 쓰이는 사실상의 국제 표준으로, SCA 점수 80점 이상을 스페셜티 커피로 인정한다.

로스팅

수많은 손길과 정밀한 과정을 거쳐 탄생한 생두. 그러나 생두 그 자체는 아직 아무런 향도, 맛도 없는 그저 딱딱한 씨앗일 뿐이다. 이 생두에 열을 가해 우리가 아는 갈색의 향기로운 원두로 바꾸는 과정이 바로 로스팅roasting이다. 그래서 로스팅을 커피에 생명을 불어넣는 연금술이라고 부르기도 한다.

로스터는 단순히 콩을 볶는 기술자가 아니라, 생두가 가진 고유의 잠재력을 꿰뚫어보고 열과 시간, 공기의 흐름을 조절하여 최고의 맛과 향을 이끌어내는 연금술사인 것이다.

로스팅 머신 안에서 생두는 수백 가지의 화학적, 물리적 변화를 겪는다.

로스팅 과정에서 생두의 수분이 증발하며 무게는 가벼워지고, 조직이 부풀어 크기는 커지게 된다. 색은 초록색에서 노란색, 시나몬색을 거쳐 점차 짙은 갈색으로 변해간다.

커피 로스터리에서 생두를 원두로 바꾸는 로스팅 머신의 모습

로스팅 과정에서 콩이 터지는 소리가 두 번 들리는데, 이를 각각 1차 크랙과 2차 크랙이라고 부른다. 이는 로스팅의 진행 단계를 알려주는 매우 중요한 지표이다.

이 과정에서 생두는 열을 통해 마이야르 반응maillard reaction과 캐러멜화caramelization가 일어나면서, 생두 속의 당분과 아미노산이 반응하여 우리가 아는 수백 가지의 다채로운 커피 향아로마 성분들이 만들어진다.

로스터는 이 크랙을 기준으로 하거나 원두의 색과 상태를 보고 원하는 시점에 로스팅을 멈추는데, 이 배출 타이밍에 따라 커피의 맛은 완전히 달라진다.

그래서 어느 정도 로스팅을 하느냐에 따라 크게 라이트 로스트약배전, 미디엄 로스트중배전, 다크 로스트강배전로 구분된다.

로스팅 과정은 건조, 갈변, 발달의 세 단계로 나뉜다. 건조 단계에서는 원두가 가열되면서 노랗게 변하고 풀 냄새가 나기 시작하고, 갈변 단계에서는 원두가 갈색으로 변하고 풍미와 향이 발달하기 시작한다. 마지막으로 발달 단계는 원두를 원하는 정도의 진한 색으로 로스팅하는 것을 말하며, 라이트 로스팅에서 다크 로스팅까지 다양한 단계로 가공된다.

✐ **라이트 로스트**Light Roast: 약하게 로스팅을 하는 방식으로, 1차 크랙 직후에 배출한다. 원두는 밝은 갈색을 띠며, 산미가 강하고 꽃이나 과일 같은 생두 본연의 개성이 가장 잘 드러난다. 스페셜티 커피에서 선호하는 방식이다.

✐ **미디엄 로스트**Medium Roast: 1차 크랙과 2차 크랙 사이에서 배출하는 방식이다. 산미와 단맛, 쓴맛의 밸런스가 좋아 가장 대중적인 로스팅 포인트이다. 견과류나 캐러멜 같은 부드럽고 달콤한 풍미를 느낄 수 있다.

✐ **다크 로스트**Dark Roast: 2차 크랙이 진행되는 중에, 혹은 그 이후에 배출하는 방식이다. 원두는 짙은 갈색이나 검은색을 띠고 표면에 기름이 배어 나온다. 산미는 거의 사라지고 쓴맛과 스모키한 향, 묵직한 바디감이 강조된다. 에스프레소나 진한 커피를 만들 때 주로 사용된다.

커피의 로스팅 단계

라이트 로스트	미디엄 로스트	미디엄 다크 로스트	다크 로스트
• 황갈색에서 매우 연한 갈색 • 풀냄새, 깔끔한 향 • 섬세하고 복합적인 산미 • 캐러멜화된 단맛	• 연한 갈색에서 중간 갈색 • 1차 크랙 중 발달 • 산미와 향의 규형 • 캐러멜화된 단맛	• 진한 갈색 • 표면에 약간의 오일 • 약간 스모키한 그을린 설탕 맛 • 쓴 캐러멜 단맛	• 매우 진한 갈색 • 오일로 윤기나는 표면 • 스모키한 그을린 설탕 맛 • 진한 쓴맛 • 산미 약화

라이트 로스트	시나몬 로스트	미디엄 로스트	하이 로스트	시티 로스트	풀시티 로스트	프렌치 로스트	이탈리안 로스트
1차 크랙 직전	1차 크랙 시작	1차 크랙 중간	1차 크랙 끝	1차와 2차 크랙 사이	2차 크랙 시작	2차 크랙	2차 크랙 끝
195℃	200℃	210℃	225℃	230℃	235℃	240℃	245℃

Scene # 03 추출

커피에 생명을 불어넣는 순간

무엇이 녹아 나오는가?

잘 볶아진 원두는 그 자체로 수백 가지 맛과 향의 가능성을 품고 있는 보물창고와 같다. 추출extraction은 물이라는 열쇠로 창고의 문을 열어 보물맛과 향 성분을 꺼내는 과정이라 할 수 있다.

추출은 단순히 원두에 물을 붓는 행위처럼 보이지만, 매우 정교한 과학적 원리를 가지고 있다. 이 원리를 이해해야 원하는 맛을 만들어낼 수 있다.

커피 원두의 약 30%는 물에 녹을 수 있는 수용성 성분으로 이루어져 있다. 이 성분들이 바로 우리가 커피에서 느끼는 맛과 향의 정체이다. 나머지 70%는 물에 녹지 않는 섬유질셀룰로오스이다.

추출의 목표는 이 30%의 수용성 성분 중 가장 맛있는 부분만을 선택적으로 녹여내는 것이다. 커피의 맛 성분들은 저마다 물에 녹는 속도가 다르다.

추출을 시작하고 가장 먼저 녹는 성분은 짠맛과 상큼한 과일의 산미acidity를 내는 유기산이다. 그 다음으로 녹는 성분은 캐러멜, 견과류, 초콜릿 같은 단맛sweetness과 풍미이다. 마지막 단계에서 묵직한 질감과 함께 떫고 쓴맛bitterness을 내는 성분이 녹아 나온다.

따라서 좋은 추출이란 쓴맛이 과도하게 나오기 직전, 산미와 단맛이 가장 조화롭게 어우러지는 스위트 스팟sweet spot을 찾아내는 여정이라 할 수 있다.

스위트 스팟을 결정하는 4가지 변수

그렇다면 이 스위트 스팟은 어떻게 찾을 수 있을까? 로스터가 로스팅 머신으로 맛을 조절하듯, 우리는 4가지 핵심 변수를 조절하여 추출을 제어할 수 있는데, 그것은 바로 분쇄도, 물의 온도, 추출 시간, 교반이다.

먼저 가장 중요한 변수는 분쇄도이다. 원두를 가늘게 갈수록 물과 닿는 표면적이 넓어져 성분이 빠르게 녹아 나오고과다 추출, 굵게 갈수록 표면적이 좁아져 천천히 녹아 나온다과소 추출.

두 번째 변수는 물의 온도이다. 물은 온도가 높을수록 성분을 녹여내는 힘용해력이 강해진다. 물의 온도가 너무 높으면 쓴맛까지 빠르게 녹여내고, 온도가 너무 낮으면 산미와 향을 충분히 이끌어내지 못한다. 그래서 보통 90~96℃ 사이의 물을 사용한다.

세 번째 변수는 추출 시간으로, 추출 시간이 길어질수록 더 많은 성분이 녹아 나온다. 프렌치 프레스처럼 오래 담가두는 방식은 당연히 추출 시간이 길어진다.

네 번째 변수는 물을 붓거나 스푼으로 저어서 커피 가루에 가해지는 물리적인 힘을 뜻하는 교반turbulence이다. 움직임이 강할수록 성분이 더 빠르고 활발하게 추출된다.

균형의 미학

이 4가지 변수를 잘못 조절하면, 우리는 과소 추출 또는 과다 추출이라는 실패를 경험하게 된다.

과소 추출은 커피의 맛있는 성분이 충분히 녹아 나오지 못한 상태이다. 물처럼 밍밍하고, 기분 나쁜 신맛이나 짠맛이 느껴지며, 향미가 부족하고 여운이 짧다. 과소 추출은 분쇄를 너무 굵게 하거나, 물의 온도가 너무 낮거나, 추출 시간이 너무 짧을 때 주로 일어난다.

반면에, 과다 추출은 불필요한 성분까지 너무 많이 녹아 나온 상태로, 커피 본연의 섬세한 향미는 사라지고 떫은맛과 쓰고 거친 맛이 주로 나타난다. 분쇄를 너무 가늘게 하거나, 물이 너무 뜨겁거나, 추출 시간이 너무 긴 것이 과다 추출의 주된 요인이다.

따라서, 커피 본연의 향미를 잘 살려 추출하려면 과소 추출과 과다 추출을 하지 않도록 균형점을 잘 찾아야 한다. 그러면 기분 좋은 산미와 풍부한 단맛, 깔끔한 후미와 긴 여운을 가진 커피를 마실 수 있다.

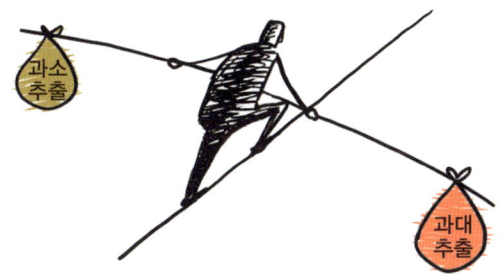

커피 추출은 과소 추출과 과다 추출 사이에서 균형을 찾는 것이 중요하다.

Scene # 04 추출 방식

핸드드립부터 에스프레소까지

핸드드립의 도구

앞서 우리가 배운 추출의 과학을 가장 섬세하고 직관적으로 구현할 수 있는 방법이 바로 핸드드립hand drip이며, 다른 말로 푸어오버pour-over라고 한다. 핸드드립은 기계의 힘을 빌리지 않고, 오직 사람의 손으로 물줄기를 조절하여 커피를 내리는 방식이다. 마치 붓으로 그림을 그리듯, 물줄기의 굵기, 속도, 궤적을 직접 제어하며 원하는 맛을 창조해내는 과정은 그 자체로 하나의 즐거운 의식이 된다.

커피의 다양한 추출 방식

핸드드립에 필요한 도구는 크게 드리퍼, 서버, 드립용 주전자가 기본이고, 필요에 따라 타이머 저울을 쓰기도 한다. 핸드드립을 처음 접하면 그게 그거 아닐까라는 생각을 하지만, 점차 경험치가 쌓이게 되면 도구 하나하나가 커피 맛에 상당한 차이를 낼 수도 있다는 걸 깨닫게 된다.

깔때기 모양으로 생긴 기구인 드리퍼dripper는 핸드드립의 가장 중요한 도구이다. 드리퍼는 재질세라믹, 플라스틱, 메탈 등과 형태에 따라 추출 속도가 달라져 맛에 결정적인 영향을 준다. 드리퍼의 형태는 크게 원추형과 사다리꼴형으로 구분된다. 과거에 '미원'이 조미료의 대명사였던 것처럼, 원추형 드리퍼의 대명사는 '하리오 V60'이다. 원추형 드리퍼는 물이 중심으로 빠르게 모여 내려가므로, 빠르고 경쾌한 추출이 가능하다. 커피의 화사한 산미와 향을 잘 나타내는 것으로 알려져 있다.

주로 칼리타 드리퍼로 불리는 사다리꼴 드리퍼는 바닥에 1~3개의 작은 구멍이 있어 물이 잠시 머물렀다가 내려가는 특성을 보인다. 원추형에 비해 추출 속도는 느리지만 안정적이고 균일한 추출이 가능하여, 묵직하고 균형 잡힌 맛을 내기에 용이한 것으로 알려져 있다.

필터는 드리퍼 위에 얹어서 커피 가루를 걸러내고 커피액만 추출시키는 역할을 한다. 사용 전 뜨거운 물로 한번 헹궈주면 종이 냄새를 제거하고 기구를 예열하는 효과가 있다.

서버는 추출된 커피가 담기는 유리 용기인데, 드리퍼를 안정적으로 올려놓을 수 있는 내열 유리컵을 써도 된다.

드립용 주전자케틀는 가늘고 긴 주둥이를 가진 주전자이다. 가는 물줄기를 일정하게, 원하는 위치에 정확히 떨어뜨릴 수 있게 해준다. 일반 주전자는 물줄기 제어가 거의 불가능하다.

타이머 저울은 타이머와 저울 기능을 모두 갖춘 핸드드립 전용 커피 저울을 말한다. 사용하는 원두의 양, 물의 양, 추출 시간을 정확히 측정함으로써 추출의 일관성을 유지할 수 있다.

핸드드립에 필요한 도구들

핸드드립 방법

이제 도구가 준비되었다면, 직접 커피를 내려보자. 미리 말해두지만 핸드드립의 단일한 공식은 없다. 인터넷이나 유튜브 같은 매체를 통해 전문 바리스타의 핸드드립 레시피가 다양하게 안내되어 있으므로, 여기에서는 기본적인 핸드드립 레시피 원두 20g, 물 300㎖를 예시로 그 과정을 따라가보자.

✏ **1단계** 준비 및 린싱: 물을 92~94℃로 끓인다. 원두 20g을 설탕 입자 정도의 중간 분쇄도로 간다. 드리퍼에 필터를 접어 넣고 서버 위에 올린 뒤, 뜨거운 물을 부어 필터 전체를 적셔주는, 이른바 린싱 과정을 거친다. 린싱한 물은 반드시 버린다. 린싱은 종이 맛을 없애고 서버와 드리퍼를 따뜻하게 데워주는 역할을 한다.

✏ **2단계** 뜸들이기: 분쇄한 원두를 드리퍼에 담고 가볍게 흔들어 평평하게 만든다. 저울을 0으로 맞추고 타이머를 시작함과 동시에, 원두 양의 2배인 40g의 물을 중심부터 바깥쪽으로 원을 그리며 고르게 부어준다. 그대로 30~45초간 기다린다. 신선한 원두는 이 과정에서 로스팅 시 발생했던 이산화탄소를 방출하며 빵처럼 부풀어 오르는데, 이를 블루밍 blooming 이라고 한다. 이 과정은 이후의 본 추출이 원활하게 이루어지도록 길을 터주는 역할을 한다.

✏ **3단계** 본 추출: 뜸들이기가 끝나면, 이제 나머지 물을 2~3번에 나누어 부어준다. 먼저 100g의 물을 500원 동전 크기의 원을 그리며 천천히 붓는다 1차 추출. 이때 줄기가 필터에 직접 닿지 않도록 주의한다. 서버에 커피가 어느 정도 내려오면, 다시 100g의 물을 같은 방식으로 부어준다 2차 추출. 마지막으로 60g의 물을 부어 총 300g의 물을 모두 사용한다 3차 추출.

✏ **4단계** 마무리: 목표한 양의 물을 모두 부었다면, 드리퍼에 물이 모두 빠져나갈 때까지 기다리지 말고 목표한 추출 시간 예: 2분 30초이 되면 즉시 서버에서 드리퍼를 제거한다. 끝까지 추출하면 잡미와 쓴맛이 섞여 나올 수 있다. 서버를 가볍게 흔들어 스월링 커피의 농도를 균일하게 맞춘 뒤, 잔에 따라 즐긴다.

핸드드립은 처음에는 어렵게 느껴질 수 있지만, 몇 번의 연습을 통해 금세 익숙해질 수 있다. 분쇄도를 조절하고, 물 온도를 바꾸고, 붓는 속도를 달리하며 나만의 인생 커피를 찾아가는 과정은 희열감을 주기도 한다.

핸드드립의 예시

물 끓이기
주전자에 물을 끓입니다. 물의 온도는 약 92~94˚C 정도로 합니다.

원두 계량
저울로 계량합니다. 물 300~360ml 당 커피 원두 20g을 사용합니다.

원두 분쇄
커피를 중간 정도로 분쇄합니다. 일부 그라인더에는 "드립용" 설정이 있습니다.

추출 준비
드리퍼에 페이퍼 필터를 설치하고 필터를 미리 적셔줍니다.

원두 투입
분쇄한 커피를 필터에 넣고 드리퍼를 살짝 두드려줍니다.

1차 뜸들이기
커피 전체를 덮을 정도로만 물을 부어주고 나무 스푼으로 저어줍니다. 커피가 부풀어 오르며 가스를 배출하도록 합니다.

추출하기
나머지 물을 천천히 부어 서서히 떨어뜨립니다. 추출 시간은 대략 2분 30초 이내입니다.

완성
컵에 따라서 뜨거울 때 드세요.

에스프레소 머신으로 내리기

앞서 살펴본 핸드드립이 중력과 사람의 손길을 이용해 섬세한 맛을 그려내는 방식이라면, 에스프레소는 강력한 압력을 이용해 커피의 모든 정수를 단시간에 폭발적으로 뽑아내는 기술이다.

우리가 카페에서 즐기는 거의 모든 메뉴의 기본이 되는 것이 바로 이 에스프레소이다. 아메리카노, 라떼, 카푸치노는 모두 에스프레소를 베이스로 만든 변주라고 할 수 있다.

에스프레소가 기계를 통해 고압으로 커피를 추출하는 것이라고 해서, 쉽고 단순하게 생각하면 안 된다. 에스프레소의 세계를 이해하는 것은 우리가 매일 마시는 커피 한 잔에 얼마나 많은 기술과 정성이 담겨 있는지를 알게 되는 과정이기 때문이다.

완벽한 에스프레소 추출을 위한 4M 원칙

에스프레소를 추출하기 위해서는 이탈리아어로 4M을 충족시켜야 하며, 이 중 하나라도 어긋나면 완벽한 에스프레소를 추출하기 어렵다고 한다.

- **원두**마셀라, Miscela: 에스프레소용 원두는 보통 단맛과 바디감을 극대화하고 쓴맛과의 균형을 맞추기 위해 여러 산지의 원두를 섞는 블렌드blend를 주로 사용한다.
- **그라인더**마치나토레, Macinatore: 에스프레소는 매우 가늘고 균일한 분쇄가 필수적이므로, 그라인더의 성능이 매우 중요하다.

● **머신**마키나, Macchina: 에스프레소 머신은 뜨거운 물에 9바bar 이상의 강력하고 일정한 압력을 가해 커피를 추출하는 기계이므로, 안정적인 온도와 압력을 유지하는 능력이 중요하다.

● **손**마노, Mano: 마지막으로 가장 중요한 바리스타의 손 기술이다. 원두를 담고, 다지고, 추출 버튼을 누르는 모든 과정에 바리스타의 숙련된 기술과 판단이 요구된다.

4M's *Famous Italian Rule*

OF COFFEE FOR A PERFECT ESPRESSO

1M – Miscela: The Blend

2M – Macinacaffe: The Grinder

3M – Macchina: The Machine

4M – Mano: The Hand

에스프레소 추출 과정

에스프레소 추출 과정은 빠르지만 매우 정교하게 이루어진다. 먼저, 그라인더에서 갓 갈아낸 원두를 포터필터의 필터 바스켓에 정량만큼 담는다도징. 이어서 탬퍼라는 도구로 바스켓에 담긴 원두를 수평을 맞춰 균일한 힘으로 꾹 눌러 다져준다탬핑. 이 과정을 통해 물이 원두층 전체에 고르게 스며들 수 있는 단단한 커피 퍽puck이 만들어진다. 탬핑이 비뚤어지거나 힘이 고르지 않으면 물이 약한 쪽으로만 흘러버리는 채널링channeling

현상이 발생하여 제대로 된 추출이 불가능하다. 마지막으로 포터필터를 그룹헤드에 장착하고 추출 버튼을 누른다. 약 25~30초 동안 25~30ml의 진한 커피액이 추출되는 것이 이상적이다.

잘 추출된 에스프레소의 상징은 바로 크레마crema이다. 크레마는 원두의 오일 성분과 이산화탄소가 압력에 의해 유화되어 만들어지는 황금빛 또는 적갈색의 고운 거품층을 말한다. 이 크레마는 커피의 향을 보존하고, 부드러운 질감을 만들어주는 중요한 역할을 한다.

한 잔의 에스프레소, 무한한 변주

추출된 에스프레소는 그 자체로도 강렬한 맛과 향을 즐길 수 있지만, 물이나 우유와 만나며 무한한 변신을 시작한다. 이것이 바로 우리가 카페 메뉴판에서 만나는 다양한 커피들이다.

채널링을 피하기 위해서는 도징한 원두를 수평을 맞춘 후 균일한 힘으로 탬핑을 하는 것이 중요하다 (좌). 에스프레소 머신에서 커피가 추출되는 장면(우)

🥐 **아메리카노** Americano: 에스프레소에 뜨거운 물을 더해 농도를 희석한 커피. 핸드드립과 비슷하게 깔끔하게 즐길 수 있다.

🥐 **카페 라떼** Caffè Latte: 에스프레소에 데운 우유를 섞어 만든 가장 대중적인 우유 커피. 부드럽고 고소한 맛이 특징이다.

🥐 **카푸치노** Cappuccino: 에스프레소 위에 곱게 거품을 낸 우유를 풍성하게 올려 만드는 커피. 라떼보다 우유 거품의 질감과 양이 많아 더욱 부드럽고 폭신한 식감을 준다.

🥐 **마키아토** Macchiato: 에스프레소 위에 소량의 우유 거품을 점 spot처럼 찍어 올린 커피. 에스프레소의 강렬함과 우유의 부드러움을 동시에 느낄 수 있다.

───────────

에스프레소의 다양한 변주들

에스프레소:
30ml 샷 또는 도피오
(더블 샷)

카페 아메리카노:
에스프레소 + 물
(180ml)

카페 라떼:
에스프레소 + 스팀밀크
+ 얇은 우유거품 (120~180ml)

카페 모카:
라떼 + 초콜릿
(120~180ml)

카푸치노:
에스프레소 + 스팀밀크
+ 두꺼운 우유거품 (120~180ml)

마키아토:
에스프레소 + 따뜻한
우유 한 스푼 (60ml)

제2장

항구,
커피 향으로 물들이다

커피는 어떻게 머나먼 대륙을 건너 우리의 일상에
스며들었을까요? 그 여정의 중심에는 세계를 잇는
'관문', 항구도시가 있었습니다. 유럽 최초의 커피를
들여오고, 거대한 무역 시스템을 구축하며, 커피의
표준을 세우고, 마침내 일상을 디자인하는 브랜드
가 탄생했습니다. 이번 장에서는 커피가 상품이 되
어 세계로 뻗어나가는 길목을 지킨 도시들을 찾아
갑니다.

Scene # 05 　이탈리아 베네치아

유럽 최초의 커피, 물의 도시를 깨우다

아드리아해를 사이에 둔 두 도시의 운명

아드리아해 북단, 약 160km의 거리를 두고 두 항구도시 베네치아Venezia와 트리에스테Trieste가 마주 보고 있다. 이 두 도시의 관계는 단순한 지리적 근접성을 넘어, 이탈리아 커피 역사에서 각기 다른 중요한 역할을 수행해왔다.

베네치아가 커피를 유럽에 전파하는 초기 통로이자 문화와 사교의 장으

아드리아해의 물의 도시, 베네치아 전경

로 만들었다면, 트리에스테는 이후 커피를 산업과 물류의 시스템으로 발전시킨 현대적 허브에 가깝다. 두 도시의 관계는 단순한 계승이 아니라, 정치적 환경 변화와 경제적 필요에 따라 경쟁하고 역할을 분담하며 형성된 역동적인 역사이다.

베네치아 공화국의 해체는 트리에스테가 새로운 기회를 잡는 배경이 되었고, 트리에스테의 산업적 성장은 역설적으로 베네치아가 장인정신에 기반한 고유의 커피 문화를 심화시키는 계기가 되었다.

지중해의 교역 강자, 커피에 눈을 뜨다

16~17세기 베네치아 공화국은 라 세레니시마La Serenissima, 가장 고요한 공화국라는 별명과 달리, 동서양을 잇는 활발한 교역의 중심지였다. 베네치아의 의사이자 식물학자였던 프로스페로 알피니Prospero Alpini는 이집트 체류 경험을 바탕으로 1592년 출간한 저서에서 현지인들이 마시는 검은 음료를 구체적으로 기술한 초기 기록 중 하나를 남겼다. 당시 커피는 일부 유럽인들에게 이슬람교도들의 와인 또는 악마의 음료라는 오해를 받기도 했다.

이때 교황 클레멘스 8세가 커피를 직접 맛본 뒤 "이토록 맛있는 음료를 악마에게만 마시게 둘 수는 없다"며 세례를 내려 기독교도의 음료로 공인했다는 일화가 널리 알려져 있다. 하지만 이는 커피가 유럽에 확산되는 과정을 상징적으로 보여주는 전설에 가까우며, 역사적 사실로 명확히 입증된 기록은 찾기 어렵다.

유럽 커피 유통의 선구자가 되다

1610년대부터 베네치아 상인들은 오스만 제국 등지에서 커피를 본격적으로 수입하기 시작했다. 그들은 단순히 상품을 들여오는 데 그치지 않고, 커피를 하나의 새로운 문화로 상품화했다. 쓴맛을 줄이기 위해 설탕을 타서 마시는 법을 제안하고, 의사들과 연계해 정신을 맑게 하는 약효를 알렸으며, 커피를 마시는 행위 자체를 세련된 사교 활동으로 만들었다. 초기 커피는 매우 비싼 사치품으로, 귀족과 부유한 상인들의 부를 상징하는 수단이 되기도 했다. 리알토 시장 주변 창고에 커피 자루가 쌓이면서, 베네치아는 유럽의 초기 커피 유통 허브 중 하나로 자리 잡았다.

미켈레 마리에스키의 「리알토 다리」(1735)에 비춰진 베네치아 풍경

보테가 델 카페, 정보와 사교의 중심이 되다

1640년대 중반, 산 마르코 광장 주변으로 커피를 전문적으로 파는 가게들이 등장하기 시작했다. 당시 사람들은 이 새로운 공간을 보테가 델 카페Bottega del Caffè, 즉 커피 가게라고 불렀다. 이는 특정 상호라기보다는 일반적인 명칭이었으나, 훗날 극작가 카를로 골도니가 동명의 희곡을 발표하며 베네치아 카페의 원형을 상징하는 이름처럼 굳어졌다. 이 새로운 공간들은 단순히 음료를 마시는 곳이 아니었다. 신문이 귀하던 시절, 이곳은 상업 정보와 정치적 담론이 오가는 도시의 정보 허브이자 비공식 사교장이었다. 상인들은 이곳에서 항로의 안전, 상품 가격의 변동, 전쟁의 조짐 같은 고급 정보를 교환했으며, 이는 사업의 성패를 가르는 중요한 요소였다.

가면 뒤의 커피, 카니발과 해방의 공간

베네치아의 카니발Carnevale 기간 동안 카페는 더욱 특별한 공간이 되었다. 정교한 가면으로 신분을 숨긴 귀족과 평민, 남성과 여성이 한데 어울려 자유롭게 대화를 나누었다. 이러한 익명성은 평소라면 불가능했을 사회적 경계를 허물며, 베네치아의 카페를 당시 유럽에서 비교적 개방적인 사교 공간으로 기능하게 했다. 카를로 골도니의 희곡 『커피숍La bottega del caffè』1750은 바로 이러한 베네치아 카페의 복잡하고 생생한 풍경을 잘 담아낸 작품이다.

카페 플로리안의 카니발 축제 참가자들

트리에스테 시대의 서막

1797년, 나폴레옹의 압력 앞에 마지막 총독이 공화국의 해체를 선언하면서 천년 역사의 베네치아 공화국은 막을 내렸다. 이 정치적 변화는 유럽 커피 무역의 지형을 바꾸는 중요한 계기가 되었다. 베네치아를 차지한 합스부르크 제국은 자신들의 통제하에 있는 새로운 항구를 커피 무역의 중심지로 육성하고자 했고, 그 전략적 선택지가 바로 아드리아해 건너편의 트리에스테였다.

특히 1869년 수에즈 운하의 개통은 트리에스테에 결정적인 기회를 제공했다. 아라비아와 아프리카의 커피가 아프리카 대륙을 우회할 필요 없이 지중해로 바로 들어올 수 있게 되면서, 트리에스테는 오스트리아-헝가리 제국과 중부 유럽으로 향하는 가장 중요한 커피 수입항으로 급부상했다. 커피 무역의 중심축이 베네치아에서 트리에스테로 점차 이동한 것이다.

아드리아해를 마주보고 있는 베네치아와 트리에스테

왜 베네치아는 장인의 도시가 되었는가?

커피 무역의 주도권을 잃어감에 따라 베네치아는 새로운 길을 찾아야 했다. 118개의 섬이 400여 개의 다리로 이어진 도시의 구조상, 거대한 공장을 짓고 컨테이너를 운송하는 대규모 산업은 애초에 불리했다. 베네치아는 규모 대신 깊이로 승부하는 길을 택했다. 대량 생산 대신, 각 로스터리 가문이 지닌 고유의 블렌딩과 세대를 거쳐 전수된 섬세한 로스팅 기술에 집중하는 아티장artisan 산업으로 전환한 것이다. 이는 생존을 위한 필연적 선택이자, 도시의 역사적 자부심을 지키는 방식이었다.

베네치아가 토레파치오네torrefazione, 로스터리 중심의 장인 문화를 발전시킨 것은 도시의 독특한 지리적, 역사적 환경과 깊은 관련이 있다. 자동차가 없는 이 도시의 물류는 대부분 사람의 손과 작은 배에 의존한다. 이런 물리적 제약은 자연스럽게 대량 생산보다 소규모 생산을 유도했고, 소량 생산은 필연적으로 품질에 대한 집중으로 이어졌다.

또한 중세부터 이어진 길드조합 전통은 각 토레파치오네가 가문의 비법을 지키며 기술을 전수하는 가업家業 형태의 문화를 다지는 토대가 되었다. "우리가 유럽에 커피를 처음 알렸다"는 자부심 또한 최고의 한 잔을 만들려는 노력으로 이어졌다.

베네치아의 미로 같은 골목길에 점점이 자리하고 있는 토레파치오네

전통을 계승하는 베네치아의 토레파치오네들

산마르코 대성당에서 해안가를 따라 미로 같은 길을 조금 걸어가면 반디에라 에모로 광장Campo Bandiera e Moro의 한 모퉁이에 수십 년간 가업을 이어온 전통 로스터리torrefazione인 카페 지라니Caffè Girani가 나타난다. 베네치아 커피 역사의 한 단면을 보여주는 이 카페에 들어서면 고소한 커피 향이 먼저 맞이한다. 연식이 느껴지는 로스터와 한쪽에 쌓인 원두 자루들은 이곳이 장인의 작업장임을 실감하게 한다.

가족 경영을 이어가는 운영자는 전통 방식에 따라 생두의 상태, 볶일 때의 소리와 향을 직접 살피며 최적의 결과물을 만들어낸다.

이곳의 대표적인 블렌드는 브라질, 과테말라 등 여러 산지의 원두를 각기 다른 프로파일로 로스팅한 후 조합하는 것으로 알려져 있다. 그 결과 산미가 적고 초콜릿과 견과류의 고소함이 두드러지는, 풍부한 바디감의 커피가 완성된다. 이러한 특성은 석회질이 많은 베네치아의 물경수과 만났을 때 균형 잡힌 맛을 낸다고 평가받는다.

카페 지라니 내부(좌)와 가업을 물려받아 운영하고 있는 마르코 지라니(우)

토레파치오네 카나레조 매장(상)과 로스터의 모습(하)

관광객의 번잡함에서 한 발짝 벗어난 카나레조_{Cannaregio} 지구에는 베네치아 커피의 또 다른 면모를 보여주는 토레파치오네 카나레조_{Torrefazione} Cannaregio가 있다. 1930년에 문을 연 이곳은 2011년 새로운 전문가가 인수하며 전통과 현대를 잇는 공간으로 재탄생했다. 이곳에서는 전통적인 이탈리아식 에스프레소 블렌드를 찾는 오랜 단골 주민들과 에티오피아 예가체프 같은 싱글 오리진 원두의 섬세한 산미를 즐기는 젊은 커피 애호가들을 함께 만날 수 있다.

이곳은 전통적인 블렌딩 기술을 계승하는 동시에, 세계 각지에서 엄선한 고품질의 싱글 오리진 원두를 선보인다. 각 원두의 섬세한 특성을 살리기 위해 기존의 틀에 얽매이지 않는 로스팅을 시도한다. 또한 베네치아의 수질 특성을 고려하여 각 원두의 잠재력을 최적으로 끌어내는 추출법을 꾸준히 모색하는 모습은 과거의 장인정신이 현대의 기술과 어떻게 만날 수 있는지를 보여준다. 이곳은 베네치아의 커피 문화가 과거의 유산에 머무르지 않고 계속 진화하고 있음을 증명하는 공간이다.

베네치아, 깊이의 미학

커피 무역의 주도권을 트리에스테에 넘겨준 이후, 베네치아는 규모의 경제 대신 깊이의 미학을 선택했다. 자동차가 다닐 수 없는 도시의 물리적 한계는 역설적으로 대량생산의 흐름에서 벗어나, 장인들이 자신만의 철학과 기술을 지켜나갈 수 있는 환경을 제공했다. 오늘날 베네치아의 커피가 세계 시장을 주도하는 이름은 아닐지 모른다. 하지만 미로 같은 골목마다 피어오르는 토레파치오네의 진한 커피 향은 이 도시가 역사의 흐름 속에서 어떻게 자신만의 방식으로 커피를 지켜내고 하나의 문화로 발전시켰는지를 이야기한다. 그것은 이곳을 오랫동안 지켜 온 커피 장인들의 경험에서 우려진 깊이의 맛과 향이다.

Scene # **06** 🥄 **이탈리아 트리에스테**

과학과 시스템, 커피를 산업으로 만들다

트리에스테, 제국의 관문이 되다

베네치아 공화국이 저물자, 아드리아해 북부의 상업 지도에는 새로운 흐름이 나타났다. 이 기회를 포착한 것은 합스부르크 제국이었다. 바다로 향하는 문이 절실했던 제국은 자신의 제한된 해안선 가운데 트리에스테를 전략적 관문으로 키우고자 했고, 1719년 카를 6세가 이곳에 자유무역항Porto Franco 지위를 부여하며 그 미래를 위한 기틀을 마련했다.

그 후 트리에스테는 수백 년에 걸쳐 자연스럽게 성장한 베네치아와는

아드리아의 관문, 이탈리아의 커피 수도 트리에스테 전경

다른 길을 걸었다. 제국의 정책적 지원과 항만 인프라, 그리고 내륙 깊숙이 자리한 빈Wien으로 이어지는 연결성에 초점을 맞춘 상업 허브로 성장해 나간 것이다. 처음부터 모든 것이 설계된 완전한 계획도시라기보다는 자유항이라는 제도적 혜택과 투자가 단계적으로 맞물리며 그 기능과 성격이 뚜렷해진 항만 상업도시였다.

커피 생태계가 구축되다

트리에스테가 커피의 중심지로 떠오른 과정은 여러 산업 요소가 정교하게 맞물린 결과였다. 먼저 1831년 설립된 아시쿠라치오니 제네랄리Assicurazioni Generali와 같은 보험사는 해상 운송에 따르는 위험을 제도적

오늘날 트리에스테 커피 생태계의 중추, 일리 커피 대학에서 진행하는 마에스트로 바리스타 코스의 한 장면. 일찍부터 트리에스테는 커피 산업에 필요한 보험, 해운, 정보, 가공 인프라가 유기적으로 잘 결합된 커피 생태계를 갖추었다. 이처럼 제도화되고 분업화된 시스템은 상인 개인의 역량에 의존했던 베네치아 모델과 차별화되며, 비교할 수 없는 안정성을 가져다주었다.

으로 분산시켜, 불확실성 가득했던 커피 거래에 예측 가능성을 더했다. 뒤이어 1833년 등장한 오스트리아 로이드Lloyd Austriaco는 정확한 정기 항로와 운항 정보를 제공하며 물류의 속도와 신뢰성을 크게 끌어올렸다.

여기에 자유무역항의 이점은 커피 생두가 항구를 통해 하역, 저장, 이동하는 데에만 그치지 않고, 보세 상태로 저장, 분류, 혼합, 재가공되어 새로운 가치를 얻는 무대를 만들어주었다.

일리illy, 커피를 과학으로 만들다

트리에스테가 커피를 하나의 산업으로 키워냈다면, 그 흐름 속에서 커피를 과학의 영역으로 이끈 인물이 있었다. 1차 세계대전 후 트리에스테에 정착해 커피 사업을 시작한 헝가리 출신의 프란체스코 일리Francesco Illy가 바로 그 주인공이다. 그는 당시 에스프레소 추출 방식이 가진 근본적인

프란체스코 일리와 그가 개발한 커피 머신 일레타

문제, 즉 불안정한 온도와 압력으로 커피의 섬세한 향이 쉽게 사라지는 점에 주목했다.

그는 오랜 연구 끝에 마침내 1935년에 커피 역사에 중요한 이정표가 된 기계 일레타Illetta를 세상에 내놓는다. 증기 대신 압축 공기를 이용해 이상적인 온도와 압력을 구현한 이 방식은 펌프와 레버 기술로 발전을 거듭하게 된 현대 에스프레소 머신의 중요한 출발점으로 평가된다.

그의 혁신은 여기서 그치지 않았다. 그는 갓 볶은 원두의 향이 공기 중에서 사라지는 것을 막기 위해, 1930년대 중반 가압 포장이라는 독창적인 해법을 고안했다. 캔 속 공기를 빼는 대신 불활성 가스를 주입해 내부 압력을 높이는 이 기술은 산화를 막고 커피의 향 성분을 안정적으로 보존하는 데 기여했다. 덕분에 품질의 일관성을 유지하며 더 멀리, 더 오래 커피를 유통할 수 있는 길이 열렸다는 평가를 받는다.

제국의 유산, 커피 문화가 되다

"카포 인 비, 페르 파보레Capo in B, per favore!"

이같이 트리에스테의 카페에서는 이탈리아 표준어 대신 조금 특별한 언어로 커피를 주문하는 모습을 볼 수 있다. 과거 여러 언어와 문화가 공존했던 항구 도시의 역사 속에서, 트리에스테는 자신들만의 고유한 커피 용어를 발전시켰다. 이곳에서는 커피를 주문하는 방식 자체가 도시의 정체성을 보여주는 특별한 경험이 된다.

🔴 기본 에스프레소는 '네로Nero'라고 부른다.

🔴 이것을 작은 유리잔bicchiere에 담아달라고 하려면 '네로 인 비Nero in B' 가 된다.

🔴 에스프레소에 우유 거품을 살짝 더한 것은 '카포Capo'라고 하며,

🔴 이 '카포'를 유리잔에 담아내면 바로 '카포 인 비Capo in B'가 완성된다.

이 독특한 이름들은 단순한 지역 방언을 넘어선다. 다양한 문화가 어우러진 항구도시 트리에스테의 혼합적인 성격과 자부심을 담아낸 표현인

트리에스테 커피 문화의 상징, 카포 인 비

셈이다. 이러한 이유로 이 커피 용어들은 여행기와 문화 잡지는 물론, 도시의 역사를 설명하는 자료에서도 트리에스테의 개성을 상징하는 요소로 즐겨 인용되곤 한다.

지성의 해방구, 문학 카페의 탄생

이 특별한 커피가 오가는 공간 역시 특별했다. 19세기 후반에서 20세기 초에 이르는 시기, 트리에스테의 카페들은 단순한 상업 공간을 넘어 지성과 문학, 때로는 정치적 토론이 교차하는 다목적 공간으로 사랑받았다.

1830년에 문을 연 카페 토마세오Caffè Tommaseo나 1914년 개업한 카페 산마르코Caffè San Marco 같은 곳들은 문학 창작과 사상 교류의 장으로 자주 언급된다. 제임스 조이스가 이곳에서 작품을 다듬고 이탈로 스베보가 문

문학과 사상 교류의 장으로 활용되던 카페 산 마르코 매장 내부 모습

학적 영감을 얻었던 일화는 도시의 카페 풍경과 함께 전해지는 대표적인 이야기이다.

트리에스테의 카페들은 일부 서술에서는 비밀 회합의 장소로 표현되기도 했으나, 주로 다양한 문화·정치 담론이 자유롭게 오가던 공적 사교 공간으로 역할을 했다. 대리석 테이블과 신문걸이, 그리고 오랜 시간 머물러도 괜찮았던 특유의 분위기는 커피 한 잔 값으로 누릴 수 있는 도시의 서재 같은 문화를 만들어냈다.

커피가 만든 도시, 커피를 완성한 도시

트리에스테는 자유항 제도에서 출발해 보험, 해운, 가공, 그리고 오늘날의 커피 교육일리의 커피 대학에 이르기까지, 커피 가치사슬의 여러 단계를 아우르는 도시로 자리매김했다. 지금도 트리에스테 항구는 이탈리아로 들어오는 커피 생두의 약 1/3을 처리하는 중요한 역할을 하고 있다.

이처럼 과거 제국의 상업적 유산 위에 현대의 브랜드와 교육 인프라가 이어지면서, 트리에스테는 커피 도시라는 이미지를 성공적으로 지켜오고 있다. 이처럼 오늘날 트리에스테에서 마시는 커피 한 잔에는 항구의 상업적 유산, 금융과 기술 혁신의 역사, 유서 깊은 문학 카페의 기억이 고스란히 담겨 있다.

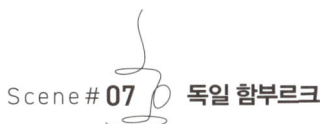

Scene # 07 **독일 함부르크**

무역과 기술, 커피의 표준을 세우다

운하의 도시, 커피 향으로 물들다

독일 북부 엘베강 유역에 자리한 함부르크Hamburg는 수많은 운하와 다리가 있는 대표적인 항만 도시이다. 이 도시의 정체성을 상징하는 곳 중 하나인 붉은 벽돌 창고 지구 슈파이허슈타트Speicherstadt는 과거 커피를 비롯한 여러 교역품이 모이던 물류의 중심지였다. 실제로 함부르크의 커피 역사는 17세기 후반부터 시작되어 도시의 상업사와 깊은 관계를 맺어왔다.

한자동맹의 유산을 물려받은 북해의 관문 함부르크의 도시 전경 함부르크의 커피 이야기는 단순히 오래된 카페나 음용법에 그치지 않고 무역과 물류, 표준을 만들어 온 산업의 역사와 연결된다. 한자동맹 시절부터 이어져 온 상업적 전통을 바탕으로, 함부르크는 세계의 생두가 모이고 거래되는 중요한 거점 역할을 했다. 이 과정에서 독일 특유의 정밀 기계공학 기술은 커피의 품질을 안정적으로 유지하고 발전시키는 데 기여했다.

한자동맹의 후예, 커피를 받아들이다

함부르크의 역사는 항구와 교역의 역사와 같다. 일찍부터 해상 무역을 주도했던 개방적인 상업 환경은 17세기 유럽에 커피가 새로운 상품으로 등장했을 때 그 가치를 알아보는 토대가 되었다. 17세기 후반, 함부르크에도 커피하우스가 문을 열었다는 기록이 있으며, 초기에는 주로 선원이나 상인들이 정보를 교환하고 거래를 논하는 비즈니스의 장으로 활용되었

17세기 중반 독일의 커피하우스는 커피를 매개로 뉴스·소문·거래가 뒤섞이던 정보 교환 허브였다.

다. 이후 커피는 점차 시민들의 일상으로 퍼져나가며 사교와 문화의 장소로 자리 잡았다.

특히 함부르크의 커피 문화는 다른 유럽 도시들과는 달리 상업과 무역에 더 집중하는 경향을 보였다. 런던의 커피하우스가 정치 토론의 중심이 되고 파리의 카페가 예술가들의 무대가 되었다면, 함부르크의 상인들은 어떻게 더 좋은 품질의 커피를 안정적으로 거래할 수 있을지에 더 큰 관심을 두었다. 이러한 상업적 요구는 자연스럽게 커피의 품질을 감별하고 등급을 매기는 전문가의 필요성으로 이어졌고, 체계적인 거래 시스템에 대한 요구를 높였다.

함부르크 커피 거래소, 세계 커피 무역의 중심에 서다

1887년, 슈파이허슈타트의 한 건물에서 함부르크 커피 거래소Hamburger Kaffeebörse가 문을 열었다. 이는 당시 뉴욕의 커피 거래소 설립 이후 유럽에 등장한 주요 커피 전문 거래소 중 하나로, 함부르크가 커피 무역의 중요 거점으로 자리매김하는 계기가 되었다. 거래소가 생기기 전, 상인 간의 개별 계약에 의존했던 커피 거래는 가격 변동성이 크고 품질을 보증하기 어려웠다. 커피 거래소는 정해진 등급과 표준을 바탕으로 선물 거래를 중개하며 이러한 문제를 해결하고자 했다.

거래소 소속의 전문 감정사커퍼들은 객관적인 기준에 따라 커피의 품질을 평가했으며, 이들의 감정 결과는 거래 분쟁이 발생했을 때 중요한 판단 기준이 되었다. 이러한 시스템은 함부르크에서 거래되는 커피에 대한 신

1901년 함부르크 커피거래소를 묘사한 그림

뢰를 높이는 데 기여했다. 20세기 초 함부르크는 유럽의 생두 유통에서 상당한 비중을 차지했으며, 거래소는 통신 기술의 발달로 실물 거래 기능이 축소된 오늘날까지도 함부르크 커피 역사의 상징적인 유산으로 남아 있다.

슈파이허슈타트와 로스팅 산업

함부르크 커피 거래소의 성장은 슈파이허슈타트라는 독특한 물리적 공간이 있었기에 가능했다. 1883년부터 건설된 이 거대한 창고 지구는 2015년 유네스코 세계문화유산으로 등재되었다. 운하를 따라 늘어선 붉은 벽돌 건물들은 미학적으로도 뛰어나지만, 그 진정한 가치는 기능성에 있다.

견고한 참나무 말뚝 기초 위에 지어진 창고들은 두꺼운 벽과 환기 구조를 통해 내부 온도와 습도를 일정하게 유지하도록 설계되어, 커피와 같이 환경에 민감한 상품을 장기간 보관하기에 적합했다.

생두는 항구에서 바지선에 실려 운하를 통해 창고 바로 앞으로 운송되었고, 건물 외부의 도르래를 이용해 위층으로 옮겨져 보관되었다. 이러한 효율적인 물류 시스템 덕분에 함부르크는 대량의 커피를 안정적으로 비축하고 유통할 수 있었다. 자연스럽게 슈파이허슈타트와 그 주변은 로스팅 산업의 중심지가 되었고, 함부르크 로스팅Hamburger Röstung이라는 말이 생겨날 정도로 지역 로스터들은 자신들의 노하우를 발전시켰다.

붉은 벽돌 창고에 설립된 슈파이허슈타트 커피 로스터리

기술의 독일, 커피 장비 제조업

함부르크가 커피 무역과 로스팅의 중심지가 될 수 있었던 또 하나의 배경에는 독일 특유의 강력한 정밀 기계산업이 있었다. 커피의 최종적인 맛은 원두뿐만 아니라 어떤 도구로 볶고, 갈고, 추출하는지에 따라 크게 달라지기 때문이다. 독일은 세계적으로 인정받는 커피 장비를 만들어내는 기술력을 갖추고 있었다.

특히 독일의 로스팅 머신 제조사 프로밧Probat은 1868년 설립 이후 드럼 로스터의 기술 표준을 발전시키며 안정적인 성능과 내구성으로 높은 평가를 받아왔다. 수많은 로스터리가 프로밧과 같은 독일제 로스팅 머신을 사용해 커피 품질을 높였다. 최근 스페셜티 커피 시장이 성장하며 원두 분쇄의 균일도가 중요해지자, 이 분야에서도 독일의 기술력이 주목받고 있다. 뮌헨 근교에서 시작된 코만단테Comandante 핸드 그라인더는 정교한 분쇄 품질로 전 세계 커피 애호가와 전문가들에게 높은 평가를 받는다. 이러한 독일의 기술력은 커피 한 잔에 담긴 잠재력을 최대한 끌어내고자 하는 열정과 집요함의 결과물이라 할 수 있다.

카페에 담긴 함부르크의 과거와 미래

오늘날 함부르크의 커피 문화는 과거의 유산 위에 새로운 흐름이 더해지며 더욱 풍성해지고 있다. 슈파이허슈타트의 역사적인 공간을 활용한 로스터리가 여전히 운영되는 동시에, 젊은 감각의 스페셜티 커피 전문점들이 새로운 커피 문화를 이끌고 있다. 엘프골트Elbgold와 같은 현대적인 로스터리들은 저마다의 철학을 바탕으로 고품질의 싱글 오리진 원두를 선보이며 함부르크 커피의 새로운 장을 열고 있다. 이들은 더 이상 과거의 획일화된 스타일을 고집하기보다, 에티오피아 원두의 꽃향기나 케냐 원

프로밧 사가 1896년 제작한 것으로 추정되는, 현존하는 가장 오래된 로스터

두의 과일 산미처럼 각 커피가 가진 고유의 개성을 존중하고 표현하는 데 집중한다. 이는 함부르크가 커피 시장의 표준을 제시하던 도시에서, 이제 는 다채로운 개성을 탐구하는 도시로 진화하고 있음을 보여준다.

살아 있는 커피 박물관, 슈파이허슈타트 카페 로스터리

슈파이허슈타트 카페뢰스터라이 Speicherstadt Kaffeerösterei 는 함부르크 커 피의 역사를 현재적으로 체험할 수 있는 상징적인 공간이다. 유네스코 세 계문화유산인 붉은 벽돌 창고 안에 자리한 이곳은 단순한 카페를 넘어, 함 부르크 커피 무역의 역사가 깃든 현장 그 자체이다. 오래된 참나무 기둥과 높은 천장, 창밖으로 보이는 운하의 풍경은 방문객에게 특별한 경험을 선 사한다. 카페 중앙에서는 로스팅 머신이 쉴 새 없이 돌아가며 전 세계에서

로스팅 머신 앞으로 생두 포대자루가 쌓여 있는 모습이 인상적인 로스팅 팩토리 카페, 슈파이허슈타 트 카페 로스터리

온 생두에 새로운 생명을 불어넣는다. 방문객들은 로스팅 과정을 가까이서 지켜보고, 방금 볶은 신선한 원두로 내린 커피를 맛볼 수 있다. 거대한 커피 자루들이 쌓여 있고 다양한 산지의 커피를 판매하는 모습은 이곳이 과거 세계 커피 무역의 중심지였음을 느끼게 한다.

함부르크 스페셜티 커피의 자부심, 엘프골트 카페

슈파이허슈타트의 로스터리가 함부르크 커피의 깊은 역사를 보여준다면, 엘프골트는 그 유산을 바탕으로 진화한 현재를 상징한다. 2004년에 문을 연 엘프골트는 함부르크의 현대 스페셜티 커피 문화를 이끄는 대표적인 로스터리 중 하나로, 엘베강의 황금이라는 이름처럼 최고 품질의 커피를 지향한다. 이들은 과거 함부르크 상인들이 세계를 무대로 활동했던

함부르크 커피 애호가들이 즐겨 찾는 엘프골트 카페

정신을 이어받아, 오늘날 전 세계의 우수한 커피를 발굴하고 소개하는 데 집중하고 있다.

함부르크 시내 여러 곳에 위치한 엘프골트 카페는 세련되고 현대적인 공간에서 커피에 대한 전문 지식을 갖춘 바리스타들이 원두의 잠재력을 섬세하게 표현해낸다. 이곳은 전통에 안주하지 않고 새로운 맛과 향을 탐구하며 함부르크 커피의 새로운 기준을 만들어가는 공간으로 알려져 있다.

커피 역사의 보고, 카페뮤지엄 부르크

슈파이허슈타트에는 함부르크 커피 역사를 집대성한 특별한 공간, 커피 박물관 카페뮤지엄 부르크Kaffeemuseum Burg가 있다. 이 박물관은 함부르크가 어떻게 커피 무역의 중심지가 되었는지를 생생하게 보여주는 역사의 증인과도 같다. 박물관이 위치한 건물은 1923년부터 부르크 가문이 커피 관련 사업을 이어온 유서 깊은 곳이다. 박물관의 전시품 대부분은 커피 애호가이자 수집가인 옌스 부르크Jens Burg와 그의 가족이 수십 년에 걸쳐 수집한 귀중한 자료들이다. 19세기부터 20세기에 이르는 다양한 로스팅 기계, 분쇄기, 포장 도구 등은 함부르크 커피 산업의 발전 과정을 보여주는 소중한 증거물이다. 방문객들은 오디오 가이드와 같은 청각 자료를 통해 커피의 기원에서부터 함부르크에서의 로스팅과 판매에 이르는 전 과정의 이야기를 들으며 시간 여행을 하듯 역사를 체험할 수 있다. 이곳은 과거를 보존하는 것을 넘어, 함부르크 커피 문화의 현재와 미래를 함께 조망하게 하는 의미 있는 공간이다.

무역과 기술의 전통, 진한 커피 향을 빚어내다

함부르크의 여정은 우리에게 커피 한 잔이 단순한 음료를 넘어 거대한 산업과 무역 그리고 기술의 역사와 어떻게 얽혀 있는지를 명확하게 보여준다.

함부르크 카페에서의 커피 한 잔은 수백 년 전 바다를 건너온 커피의 여정과 거래소에서 가격을 정하던 상인들의 모습, 그리고 더 나은 맛을 위해 고심하던 기술자들의 노력을 함께 경험하는 것과 같다.

함부르크 커피 박물관, 카페뮤지엄 부르크

Scene # **08** 🍃 **미국 시애틀**

녹색 사이렌의 신화, 일상을 디자인하다

비의 도시, 커피를 위한 무대를 만들다

시애틀Seattle은 태평양의 습윤한 공기와 캐스케이드 산맥의 영향으로 흐리고 잔잔한 비가 내리는 날이 잦다. 비와 구름이 많은 계절적 분위기는 주민들이 자연스럽게 실내에 머무르며 따뜻한 음료와 사교 공간을 찾게 만들었고, 이 과정에서 커피를 즐기고 카페에 머무는 문화가 지역의 중요한 일부가 되었다.

———
비 오는 날의 파이크 플레이스 마켓

시애틀 사람들은 잦은 비를 리퀴드 선샤인liquid sunshine이라 부르며 궂은 날씨에 유머로 맞서곤 한다. 바로 이런 배경 속에서, 커피 한 잔이 주는 따스함과 활력은 마치 햇살과도 같은 역할을 했다.

시애틀의 커피 문화가 발달할 수 있었던 것은 날씨, 라이프스타일, 소비 성향 등 여러 조건이 맞아떨어졌기 때문이다. 이러한 기반이 있었기에 스타벅스 같은 브랜드가 등장해 세련된 도시의 커피 경험을 하나의 공식으로 만들고 세계적인 성공을 거둘 수 있었다.

스타벅스의 탄생

스타벅스의 이야기는 파이크 플레이스 마켓Pike Place Market에서 시작된다. 이곳은 중간 상인의 폭리를 막고 농부와 소비자를 직접 연결하기 위해 1907년에 문을 연 미국에서 가장 오래된 공공 시장 중 하나이다.

파이크 플레이스 1912에 자리한 스타벅스 1호점

1971년, 이 시장 인근에서 세 명의 친구가 작은 가게를 열었다. 영어 교사 제리 볼드윈, 역사 교사 제브 시글, 작가 고든 보커. 이들은 샌프란시스코 인근의 버클리에서 피츠 커피 Peet's Coffee의 창업자 알프레드 피트가 선보인, 강렬하고 향기로운 고품질 다크 로스팅 커피에 깊은 인상을 받았다. 당시 슈퍼마켓에서 팔던 평범한 커피에 만족하지 못했던 그들은 시애틀에도 좋은 커피를 소개하자는 열망으로 뭉쳤다.

초창기 스타벅스는 소설 『모비딕』의 일등 항해사 스타벅에서 이름을 따온 것처럼, 좋은 원두를 찾아 소개하는 원두 전문점이었다. 매장 안에는 의자 대신 커피 원두 자루들이 놓여 있었고, 바리스타가 아닌 점원이 원두의 산지와 특징을 설명하며 손님이 원하는 만큼 갈아주었다. 그들의 목표는 집에서 최고의 커피를 즐길 수 있도록 최상의 재료를 판매하는 것이었다. 순수한 열정으로 가득했던 이 작은 가게는 시애틀 커피 애호가들에게 특별한 장소로 자리 잡았다.

하워드 슐츠와 제3의 공간

스타벅스의 운명을 바꾼 하워드 슐츠는 원래 이 가게에 스웨덴산 커피 메이커를 팔던 영업사원이었다. 유독 시애틀의 이 작은 가게에서만 주문량이 많은 것을 궁금하게 여긴 그는 직접 시애틀을 찾았고, 창업자들의 커피에 대한 열정과 지식에 깊은 감명을 받아 1982년 스타벅스의 마케팅 책임자로 합류하게 된다.

1983년 그는 이탈리아 밀라노 출장에서 거리의 수많은 에스프레소 바를 보고 큰 영감을 얻었다. 그곳에서 커피는 단지 음료가 아니었다. 바리스타는 손님들의 이름을 부르며 안부를 물었고, 사람들은 잠시 들러 에스프레소 한 잔을 마시며 이웃과 어울리고 있었다. 그곳은 집제1의 공간과 직장제2의 공간을 벗어나 사람들에게 소속감과 위안을 주는 제3의 공간이었다.

슐츠는 커피가 사람들을 연결하는 사회적 접착제가 될 수 있음을 직감했다. 시애틀로 돌아온 그는 "원두만 팔 것이 아니라, 이탈리아처럼 커피 경험과 공간을 팔아야 한다"고 창업자들을 설득했지만, 원두의 순수성을 지키려던 그들은 "우리는 로스터다. 레스토랑 주인이 아니다"라며 제안을 거절했다.

결국 슐츠는 스타벅스를 떠나 일 지오날레Il Giornale라는 자신만의 에스프레소 바를 차려 제3의 공간 개념을 직접 실험했고, 결과는 성공적이었다. 2년 뒤, 창업자들로부터 스타벅스 브랜드를 인수한 슐츠는 마침내 자

설립 초기의 원형을 잘 보존하고 있는 스타벅스 1호점의 매장 내부 모습

신의 비전을 스타벅스에 이식하기 시작했다. 편안한 소파와 테이블, 감성적인 음악과 조명, 고객의 이름을 불러주는 친근한 바리스타. 스타벅스는 커피를 파는 곳이 아닌, 커피를 매개로 한 도심 속 오아시스를 파는 브랜드로 재탄생했다.

시애틀의 DNA: 항구, 기술 그리고 혁신

하워드 슐츠의 비전이 스타벅스 성공의 원동력이었다면, 그 비전을 실현 가능하게 한 것은 시애틀이라는 도시의 독특한 환경이었다.

시애틀은 태평양과 미 대륙을 잇는 항구도시이다. 라틴 아메리카와 아시아 커피 산지에서 들어오는 생두를 빠르고 저렴하게 확보할 수 있는 물류의 중심지였던 것이다. 이러한 지리적 이점은 스타벅스가 고품질 원두를 안정적으로 수급하는 데 든든한 기반이 되었다.

그리고 시애틀은 보잉과 마이크로소프트의 도시로, 도전적인 정신과 정밀한 시스템 구축에 익숙했다. 스타벅스는 이러한 도시의 특성을 사업 방식에 적용했다. 전 세계 수만 개 매장에서 동일한 맛과 서비스를 제공하는 고도로 표준화된 운영 시스템, 고객 데이터를 분석해 신메뉴를 개발하는 혁신적인 접근은 이러한 배경과 무관하지 않다.

또한 시애틀은 워싱턴 대학을 중심으로 한 교육 도시이자, 첨단 기술 기업 덕분에 교육 수준과 소득이 높은 중산층이 두터운 곳이다. 이들은 자신의 취향과 가치를 만족시키는 프리미엄 제품에 기꺼이 지갑을 열 준비가 되어 있었다. 스타벅스의 고급 커피 전략은 새로운 문화를 받아들일 준비가 된 소비자층을 정확히 겨냥했고, 결과는 성공적이었다.

커피 테마파크: 스타벅스 리저브 로스터리의 야망

제3의 공간으로 세계적인 성공을 거둔 스타벅스는 새로운 도전에 직면했다. 블루보틀, 스텀프타운 같은 제3 물결 커피 브랜드들이 장인정신과 희소성을 내세우며 스타벅스를 대기업의 표준화된 커피로 인식하게 만들었기 때문이다. 이에 대한 하워드 슐츠의 대응은 더욱 과감했다. 2014년 시애틀 캐피톨 힐에 문을 연 스타벅스 리저브 로스터리 & 테이스팅 룸은 그 비전을 보여주는 상징적인 공간이다.

이곳은 단순한 카페가 아니다. 하워드 슐츠가 커피의 윌리 웡카 초콜릿 공장이라 칭했듯, 커피가 만들어지는 모든 과정을 하나의 거대한 쇼처럼 연출한 커피 테마파크에 가깝다. 거대한 로스팅 머신이 돌아가는 것을 눈

시애틀의 스타벅스 리저브 로스터리 매장 내부 모습

앞에서 지켜보고, 전 세계에서 공수한 리저브 원두를 다양한 방식으로 맛볼 수 있다. 이곳을 통해 스타벅스는 자신들이 단순히 표준화된 커피만 파는 프랜차이즈가 아니라, 커피의 모든 과정을 이해하고 여전히 산업의 혁신을 이끌고 있음을 보여준다.

녹색 사이렌 너머의 독립 카페들

스타벅스라는 거대 브랜드가 있음에도 불구하고, 시애틀의 커피 생태계는 오히려 더 깊고 다채롭게 진화하고 있다. 스타벅스가 커피를 일상의 영역으로 만들었다면, 수많은 독립 카페들은 커피를 새로운 경험과 예술의 경지로 끌어올리고 있다.

그 대표적인 곳의 하나가 빅트롤라 커피 로스터스Victrola Coffee Roasters 이다. 2000년에 설립된 이곳은 시애틀 3세대 커피의 터줏대감 중 하나다.

캐피톨 힐에 위치한 빅트롤라 커피 로스터스

1920년대 축음기 빅트롤라에서 이름을 따온 데서 알 수 있듯이 아날로그 감성과 장인정신을 중시한다.

매주 열리는 무료 퍼블릭 커핑public cupping은 다양한 산지의 원두가 가진 고유의 향미를 함께 맛보고 토론하며, 커피를 단순한 소비를 넘어 학습과 교류의 대상으로 만드는 상징적인 행사이다.

그리고 에스프레소 비바체Espresso Vivace도 빼놓을 수 없다. 이곳은 라떼 아트의 발상지라는 명성만으로도 방문할 가치가 충분한 곳이기 때문이다. 창업자 데이비드 쇼머는 에스프레소 위에 우유 거품으로 그림을 그리는 기술을 예술의 경지로 끌어올린 인물로 평가받는다.

이곳의 바리스타들은 완벽하게 추출한 에스프레소와 벨벳처럼 부드러운 우유 거품으로 한 잔의 캔버스 위에 하트와 로제타를 그려내며, 시애틀이 왜 커피의 도시인지를 아름다운 방식으로 증명한다.

에스프레소 비바체의 창업자 데이비드 쇼머(좌)와 그가 최초로 개발한 하트 라떼 시연 장면(우)

현대인의 일상을 지배하는 시애틀의 유산

시애틀의 커피 문화는 특유의 날씨에 적응하려는 사람들의 생활 방식에서 시작되었다. 스타벅스는 이를 제3의 공간이라는 성공적인 모델로 만들어 전 세계인의 일상에 스며들게 했다. 항구 도시의 개방성과 기술 혁신의 DNA는 커피라는 아날로그적인 산물을 현대적인 문화 상품으로 만드는 최적의 토양이었다.

오늘날 시애틀에서 마시는 커피 한 잔에는 궂은 날씨를 이겨내려는 낙천성, 하워드 슐츠가 밀라노에서 얻은 영감, 그리고 스타벅스 너머에 존재하는 수많은 독립 장인들의 자부심이 함께 녹아 있다. 이처럼 시애틀에서 시작된 커피 문화는 도시의 정체성을 넘어, 오늘날 전 세계 현대인의 생활 방식에 깊숙이 자리 잡게 되었다.

Scene # **09** 　**영국 옥스퍼드**

1페니 대학, 지성과 토론의 해방구

꿈의 첨탑들 사이로 커피 향이 스며들다

런던에서 북서쪽으로 90km 떨어진 템스강 상류에 자리한 옥스퍼드Oxford. 이 도시의 별명은 첨탑들의 도시다. 수백 년 된 고딕 양식의 건물들이 하늘을 향해 뻗은 첨탑들 사이로, 학생들이 자전거를 타고 지나가는 풍경은 마치 시간이 멈춘 듯한 느낌을 준다. 하지만 이 고풍스러운 대학 도시는 영국 커피 문화의 초기 역사가 펼쳐진 중요한 무대 중 하나다.

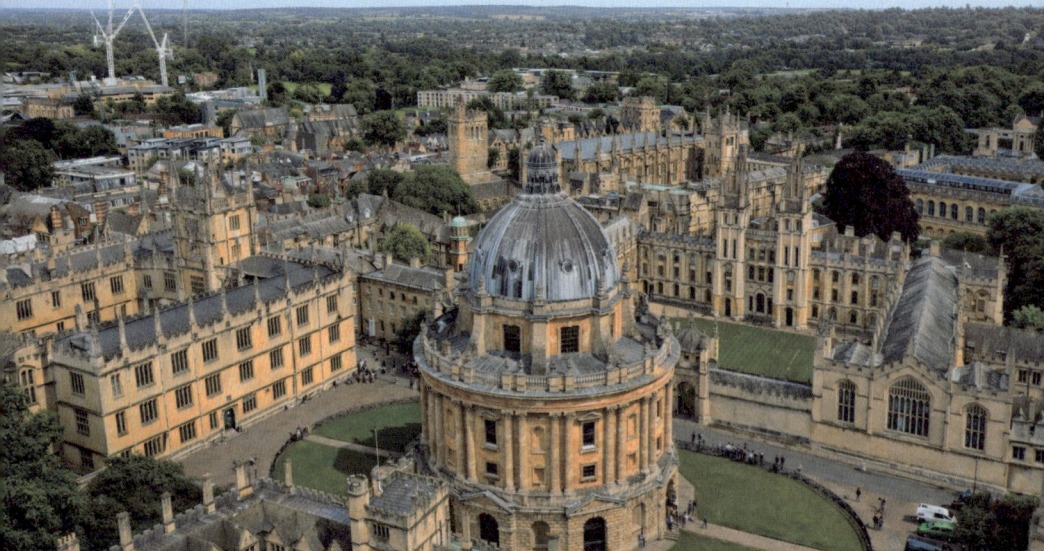

옥스퍼드대학의 상징 레드클리프 카메라를 중심으로 펼쳐진 도시 전경

옥스퍼드는 단순히 세계적인 대학이 있는 도시가 아니다. 17세기 중반, 커피하우스가 음료를 파는 곳을 넘어 정보가 오가고 토론이 벌어지는 새로운 사회적 공간으로 자리 잡기 시작한 곳이기 때문이다. 당시 이 도시의 좁은 골목에서 피어오른 커피 향은 지식과 정보에 목마른 사람들이 모여들 새로운 시대의 가능성을 암시하는 신호탄과 같았다.

하이 스트리트의 두 가지 역사 이야기

옥스퍼드의 중심가인 하이 스트리트High Street를 걷다 보면, 커피의 역사를 두고 서로 다른 이야기를 간직한 두 카페를 만나게 된다. 하나는 동쪽의 퀸스 레인 커피 하우스The Queen's Lane Coffee House이고, 다른 하나는 서쪽의 더 그랜드 카페The Grand Café다. 이 두 곳이 각자 내세우는 역사 이야기는 그 자체로 영국 커피 문화의 흥미로운 한 페이지를 보여준다.

퀸스 레인 커피 하우스는 "1654년부터 유럽에서 가장 오래된 커피하우스"라는 문구를 자랑스럽게 내걸고 있다. 이 문구가 아니었다면, 영국의 어느 동네에서나 볼 수 있는 평범하고 소박한 카페처럼 보일지도 모른다.

유럽에서 가장 오래된 커피하우스의 하나인 퀸스 레인 커피 하우스

하지만 이곳은 수백 년의 세월 동안 끊이지 않고 그 자리를 지켜왔다는 사실을 가장 큰 자부심으로 삼는다.

반면, 화려한 금장식과 샹들리에로 꾸며진 그랜드 카페는 최초의 장소라는 상징성을 이야기한다. 옥스퍼드대학의 옛 기록에 따르면, 1650년 혹은 1651년에 제이콥Jacob이라는 인물이 바로 이 장소에서 커피를 팔기 시작했다고 전해진다. 하지만 원래의 커피하우스는 오래전에 사라졌고, 수많은 세월 동안 다른 상점들이 그 자리를 거쳐 갔다. 지금의 그랜드 카페는 20세기 후반에 이르러 그 역사적인 장소의 의미를 기리기 위해 새롭게 문을 연 곳이다.

결국 최초의 장소라는 상징성을 가진 그랜드 카페와 설립 당시부터 지금까지 이어져온 역사적 정통성을 가진 퀸스 레인 커피 하우스, 이 두 곳이 하이 스트리트 위에서 옥스퍼드의 자부심을 각자의 방식으로 지키고 있는 셈이다.

정보에 목마른 시대, 커피하우스의 역할

사실 어느 쪽이 진짜 최초인지를 따지는 것은 그리 중요하지 않을지도 모른다. 중요한 것은 이 두 카페의 존재 자체가 증명하는 역사적 사실, 바로 17세기 중반에 영국에서 커피하우스 문화가 본격적으로 시작되었다는 점이다.

당시 영국은 왕을 처형하고 공화정을 세우는 등 극심한 정치적 격변을 겪고 있었다. 이런 혼란 속에서 사람들은 새로운 정보와 소식에 목말라 있

17세기 중엽부터 커피 판매 기록이 전해지는 옥스퍼드 그랜드 카페

었다. 신문이 널리 보급되기 전이었고, 출판물에 대한 규제도 존재하던 시대에 커피하우스는 자연스럽게 정보의 중심지이자 여론이 형성되는 무대가 되었다. 특히 옥스퍼드는 수많은 학생과 학자들이 모여 지적 호기심이 넘치고 새로운 것을 받아들이는 데 개방적이었기에, 커피 문화가 뿌리내리기에 더없이 좋은 토양을 가지고 있었다.

1페니 대학

17세기 옥스퍼드의 커피하우스가 가졌던 가장 큰 특징은 바로 접근성이었다. 당시 커피 한 잔 값은 1페니였다. 이는 빵 한 덩어리와 비슷한 가격으로, 가난한 학생이나 일반 시민도 비교적 부담 없이 지불할 수 있는 금액이었다. 그리고 1페니를 내면 커피를 마실 수 있을 뿐만 아니라 그 공간에서 벌어지는 모든 지적 활동에 참여할 기회를 얻었다.

신분과 지위에 따라 출입에 제한이 엄격한 대학 강의실이나 귀족들의 살롱과는 다르게 커피하우스는 학비나 신분의 제약이 훨씬 적은 비교적

1페니 대학으로 불린 17~18세기 영국의 커피하우스 묘사 장면

개방적인 공간이었다. 덕분에 옥스퍼드 대학의 저명한 교수가 신입생과 나란히 앉아 정치 상황을 토론하고, 부유한 상인이 가난한 학자와 철학을 논하는 광경이 펼쳐질 수 있었다. 이런 모습 때문에 커피하우스는 1페니 대학Penny University이라는 별명으로 불리기도 했다.

커피하우스는 당시의 중요한 정보 집결지이기도 했다. 17세기 중반은 영국에서 정기간행물이 본격적으로 등장하던 시기였지만, 인쇄물은 여전히 비싸고 구하기 어려웠다. 커피하우스는 이 문제를 해결하는 집단 구독 시스템을 제공했다. 각 커피하우스는 런던과 유럽 각지에서 발행되는 주요 신문과 소식지를 구독해 손님들이 자유롭게 읽을 수 있도록 비치했다. 덕분에 정보 접근성이 크게 높아졌다. 이전에는 소수의 고위층만 접할 수 있었던 국제 정세와 정치 동향을, 이제 커피 한 잔 값으로 누구나 쉽게 접할 수 있게 된 것이다.

자유로운 토론과 통제의 역사

옥스퍼드의 커피하우스는 자연스럽게 토론의 중심지가 되었다. 정치, 과학, 문학 등 다양한 주제를 두고 자유로운 대화가 오갔고, 보통 커피값을 낸 손님이라면 비교적 쉽게 대화에 참여할 수 있었다.

물론 이러한 개방성에도 한계는 있었다. 주로 교육받은 중산층 남성들이 공간의 중심을 이루었고, 여성이나 하층 계급의 참여는 대부분 배제되었다. 그럼에도 불구하고 커피하우스가 왕실과 정부를 비판하는 목소리가 나오는 등 정치적 담론의 중심지로 기능했던 것은 분명한 사실이다.

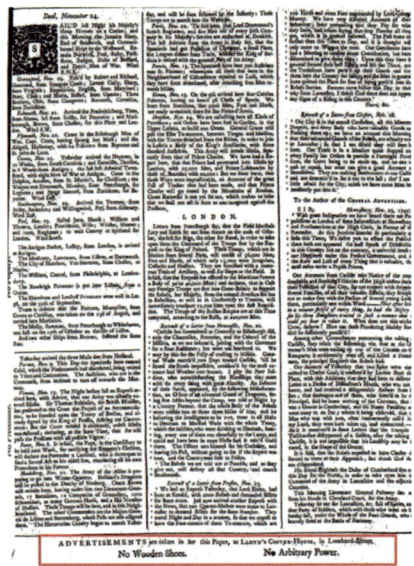

17세기 영국 커피하우스의 전단지들. 왼쪽은 1674년 제작된 전단지로, 무례하거나 공격적인 언행이 금지되며 대화는 합리적이고 비판적이어야 한다는 커피하우스의 규칙과 질서를 담고 있다. 오른쪽은 17세기 후반에서 18세기 초반 사이에 런던의 로이드 커피하우스에서 제작된 것으로 추정되는 전단지로, 정치적 자유와 민주적 가치를 지지하는 입장이 담겨 있다.

이에 위협을 느낀 찰스 2세는 1675년 말, 커피하우스가 선동적인 소문을 퍼뜨린다며 폐쇄 칙령을 발표하기도 했다. 하지만 상인과 이용자들의 거센 반발에 부딪혀, 칙령은 열흘 남짓 만에 사실상 철회되었다. 이는 당시 사회에서 커피하우스가 차지했던 위상을 보여주는 상징적인 사건이다.

옥스퍼드 커피 문화의 지적 생태계와 지리적 특성

옥스퍼드가 영국 초기 커피 문화의 중심지가 된 것은 우연이 아니었다.

이 도시가 가진 독특한 지적 생태계와 지리적 특성이 커피하우스라는 새로운 문화와 잘 맞아떨어졌기 때문이다.

옥스퍼드 대학에는 영국 전역은 물론 유럽 각지에서 온 학생과 교수들이 모여 있었다. 이들은 새로운 것에 대한 지적 호기심이 많았고, 커피라는 이국적인 음료와 커피하우스라는 새로운 사교 방식을 자연스럽게 받아들였다.

그리고, 대학 도시의 특성상 지식에 대한 갈증이 큰 사람들이 집중되어 있었다는 점도 주목해야 한다. 이들에게 커피하우스는 단순히 음료를 마시는 곳이 아니라, 강의실 밖에서 동등한 입장에서 자유롭게 토론하며 지적 자극을 얻을 수 있는 소중한 공간이었다.

경제적 요인도 무시할 수 없다. 1페니라는 저렴한 가격은 경제적으로 넉넉하지 않은 학생들이 부담 없이 이용할 수 있는 중요 요인이었다. 비싼 술집 대신 커피하우스에서 저렴한 비용으로 사교와 지적 욕구를 동시에 충족시킬 수 있었다.

마지막으로, 옥스퍼드의 지리적 위치도 간과할 수 없는 중요한 요인이다. 템스강 상류에 위치한 이 도시는 런던과 영국 서부를 잇는 교통의 요지였다. 런던에서 약 90km 떨어진 거리는 당시 기준으로 런던의 최신 정보와 유럽 대륙의 소식이 비교적 빠르게 전해질 수 있음을 의미했다. 또한 템스강을 통한 수운水運은 런던에서 발행된 신문과 소식지, 유럽에서 수입된 커피 원두가 옥스퍼드까지 안정적으로 운송되는 물류 기반이 되어주었다.

옥스퍼드 템스강과 옥스퍼드~런던을 연결하는 운하

오늘날의 옥스퍼드 커피 문화

옥스퍼드의 커피 이야기는 과거에만 머물러 있지 않다. 도시의 골목골목에는 저마다의 개성을 뽐내는 독립 카페들이 활기차게 자리 잡고 있다. 2000년대 후반부터 시작된 이 새로운 물결은 좋은 원두를 전문적으로 다루는 스페셜티 카페와 오랫동안 학생들의 사랑을 받아온 터줏대감 같은 카페들이 어우러져 다채로운 풍경을 만든다.

이곳들은 단순히 기능적 역할 외에도 학생들이 모여 공부하고, 친구와 담소를 나누며, 때로는 열띤 토론을 벌이는 사랑방 역할을 한다. 17세기 커피하우스가 지녔던 지적 교류와 자유로운 소통의 정신이, 지금의 방식대로 이어지고 있는 셈이다.

옥스퍼드의 스페셜티 커피 문화를 이야기할 때 빼놓을 수 없는 곳이 바로 미싱 빈Missing Bean이다. 2009년 털 스트리트Turl Street의 작은 가게에서 시작한 이곳은, 직접 로스팅한 신선한 원두와 그 원두의 산지 정보를 투명

옥스퍼드의 대표적인 스페셜티 카페, 미싱 빈

하게 공개하며 커피 애호가들의 마음을 사로잡았다. 이후 로스터리를 확장하고 여러 지점을 내며 옥스퍼드에 스페셜티 커피의 즐거움을 알리는 데 중요한 역할을 했다.

이들은 "공정무역 원두만 쓴다"는 식의 단순한 구호보다는 농장과 직접 소통하거나 지속가능성을 인증받는 등 좋은 커피가 우리 손에 오기까지의 전 과정을 중요하게 생각한다. 17세기 커피하우스에서 정치와 사상을 논했다면, 미싱 빈의 손님들은 한 잔의 커피에 담긴 품질과 산지, 그리고 윤리적 가치에 대한 이야기를 나눈다. 과거의 지적 토론이 오늘날에는 가치 있는 소비에 대한 관심으로 모습을 바꾼 것이다.

미싱 빈이 커피의 전문성을 대표한다면, G&D's 아이스크림 카페는 옥스퍼드의 일상과 추억을 상징하는 공간이다. 이곳은 1992년에 한 옥스퍼

옥스퍼드 학생과 주민들의 일상과 소통의 공간으로 기능하는 G&D's 카페

드 학생이 조지 앤 데이비스George & Davis라는 이름으로 창업한 데서 비롯된다. 이후 조지 앤 댄버, 조지 앤 딜라일라처럼 위트 있는 이름으로 지점을 늘려가며, 학생이 만든 로컬 체인이라는 독특한 정체성을 쌓아 올렸다. 이곳의 주인공은 커피가 아닌, 매장에서 직접 만드는 신선한 아이스크림이다. 스페셜티 커피의 섬세한 향미를 분석하기보다, 친구들과 함께 달콤한 아이스크림을 나누어 먹는 즐거움이 G&D's의 핵심이다.

이 공간은 학생들의 삶과 긴밀하게 연결되어 있다. 시험 기간이면 늦은 밤까지 불을 밝히며 학생들의 공부 공간이 되어주고, 펍과는 다른 편안한 분위기에서 담소를 나누는 사교의 중심지가 된다. 17세기 커피하우스가 술집의 대안으로 새로운 소통의 장을 열었듯, G&D's는 오늘날 학생들에게 알코올 없는 유쾌한 제3의 공간을 제공한다.

이처럼 오늘날 옥스퍼드의 카페들은 각기 다른 방식으로 사람들을 모은다. 미싱 빈이 좋은 커피 한 잔에 담긴 품질과 윤리적 가치를 이야기하는 가치와 정보의 공간이라면, G&D's는 학생들의 열정과 우정이 깃든 일상과 소통의 공간이다. 350년 전 커피하우스에 모여 세상을 논했던 이들의 열정은, 오늘날 옥스퍼드의 카페에서 이처럼 다채로운 모습으로 새롭게 피어나고 있다.

꿈의 첨탑에서 피어오르는 향기

옥스퍼드의 커피 이야기는 새로운 정보가 공유되고, 다양한 의견이 오가며, 자유로운 토론 문화가 싹트던 한 시대를 보여주는 흥미로운 단면이다.

17세기 중반, 옥스퍼드에 처음 퍼진 커피 향은 이국적인 음료의 등장을 알리는 신호 그 이상이었다. 커피하우스는 1페니 대학에 비유되듯 학비나 신분에 상관없이 커피 한 잔 값을 낼 수 있다면 누구나 들어와 대화에 참여할 수 있는 새로운 공간이었다. 이곳은 최신 소식과 과학, 문학에 대한 담론을 접하는 통로였고, 왕정과 의회에 대한 비판적 목소리처럼 기존 질서 밖의 정치적 공론이 형성되던 무대이기도 했다.

물론 오늘날 옥스퍼드에서 마시는 커피 한 잔에 350년 전의 정치적 긴장감이나 사회 변혁의 열기를 느끼기는 어렵다. 하지만 스페셜티 커피의 산지 정보를 꼼꼼히 살피는 모습에서 과거의 지적 탐구 정신을 떠올리고, 카페에 모여 공부하고 토론하는 학생들의 모습에서 17세기 커피하우스를 연상하는 것은 결코 무리가 아니다.

꿈의 첨탑들 사이를 걸으며 오늘날의 카페를 찾는 경험은, 영국 커피 문화의 중요한 출발점이었던 옥스퍼드의 역사적 맥락을 되짚어보는 의미 있는 여정이 될 수 있을 것이다.

Scene # **10** **미국 샌프란시스코**

혁신가의 도시, 커피의 경험을 새로 설계하다

제3 물결 커피의 상징, 샌프란시스코

2000년대 초, 커피 전문가 트리시 로스겝Trish Rothgeb은 제3 물결Third Wave이라는 용어로 커피 문화의 새로운 흐름을 정의했다. 제1의 물결이 인스턴트커피로 대중화의 문을 열고, 스타벅스가 이끈 제2의 물결이 커피를 경험의 대상으로 만들었다면, 제3의 물결은 커피의 본질, 즉 원두가 가진 본연의 맛과 향을 탐구하는 흐름이다.

샌프란시스코의 상징 금문교와 다운타운 풍경

이런 맥락에서 제2의 물결을 스타벅스의 시애틀이 상징한다면, 제3의 물결을 대표하는 도시는 단연 샌프란시스코San Francisco라 할 수 있다. 이곳에서 본격화된 흐름은 커피를 와인처럼 원두의 산지와 품종, 로스팅의 기술, 추출의 과학까지 파고드는 전문적인 분야로 이끌었다.

샌프란시스코 커피 이야기의 시작, 피츠 커피

샌프란시스코 커피 이야기의 뿌리는 1966년, 샌프란시스코만 건너편 버클리의 한 작은 가게에서 찾을 수 있다. 네덜란드 이민자 출신 알프레드 피트Alfred Peet가 문을 연 피츠 커피 & 티Peet's Coffee & Tea이다. 그는 당시 미국 시장의 주류였던, 향과 개성이 사라진 저품질의 캔 커피에 만족하지 못했다.

피트는 유럽의 전통을 따라 고품질 아라비카 생두를 직접 수입해, 강하고 진한 풍미가 특징인 다크 로스팅 커피를 선보였다. 그의 가게는 단순히 커피를 파는 상점을 넘어, 좋은 커피에 목말랐던 학생, 교수, 예술가들이 모여 커피의 원산지와 로스팅에 대해 토론하는 커피 살롱과 같았다. 피트는 커피가 단순한 상품이 아니라 고유한 스토리를 가진 농작물이자 섬세한 기술의 결과물임을 사람들에게 일깨워주었다.

훗날 시애틀에서 거대한 흐름을 만들어낸 스타벅스의 창업자들 역시 피트의 가게에서 영감을 얻었다. 그들은 피트에게 직접 로스팅 기술을 배웠고, 사업 초기 1년간은 피츠 커피에서 볶은 원두를 공급받아 사용했다. 알프레드 피트는 훗날 스타벅스를 세운 창업자들과 제3의 물결을 이끈 주역들에게 깊은 영감을 준 선구자였던 셈이다.

1966년 버클리에서 설립된 피츠 커피 본점의 모습

블루보틀, 미니멀리즘으로 커피의 본질을 담다

피트가 뿌린 씨앗은 21세기에 들어 샌프란시스코에서 가장 혁신적인 형태로 꽃을 피웠다. 그 중심에는 클라리넷 연주자 출신의 커피 애호가, 제임스 프리먼James Freeman이 있었다. 그는 상업적으로 대량 로스팅된 커피의 오래된 맛에 아쉬움을 느끼고, 2002년 오클랜드의 작은 차고에서 직접 커피를 볶기 시작했다.

그의 원칙은 단순 명확했다.

> ⬤ 최고 품질의 생두만을 사용할 것.
> ⬤ 원두의 특성을 가장 잘 살리도록 섬세하게 로스팅할 것.
> ⬤ 로스팅한 지 48시간이 지난 원두는 사용하지 않을 것.

프리먼은 직접 볶은 원두를 파머스 마켓의 작은 카트에서 팔기 시작했다. 그는 에스프레소 머신 대신, 한 잔 한 잔 정성스럽게 물을 부어 내리는 핸드드립 방식을 고집했다. 커피를 내리는 몇 분의 시간은 손님과 교감하

샌프란시스코 블루보틀 매장의 미니멀한 내부

고, 커피의 스토리를 설명하는 자연스로운 소통의 시간이 되었다.

이것이 바로 블루보틀Blue Bottle의 시작이었다. 블루보틀의 접근 방식은 샌프란시스코의 시대정신과 잘 맞아떨어졌다. 원두의 양, 물의 온도, 추출 시간을 저울과 타이머로 정밀하게 제어하는 기술적 완벽주의는 완벽한 코드를 추구하는 실리콘밸리 엔지니어들의 사고방식과 일맥상통했다. 또한 불필요한 장식을 걷어내고 제품 자체의 본질에 집중한 미니멀리즘 미학은 애플Apple의 디자인 철학을 떠올리게 했으며, 어떤 농장에서 누가 재배했는지 투명하게 공개하는 투명성과 직거래 방식은 윤리적 소비를 중시하는 지역 소비자들의 가치관에 부응했다.

이러한 요소들이 결합된 블루보틀은 단순히 커피를 파는 회사가 아니라, '완벽한 커피 경험'이라는 솔루션을 제공하는 기술 스타트업처럼 비춰졌다.

커피, 도시의 정체성이 되다

블루보틀이 일으킨 흐름은 샌프란시스코 전역으로 퍼져 나가며 하나의 거대한 생태계를 형성했다. 리추얼 커피 로스터스Ritual Coffee Roasters, 포 배럴 커피Four Barrel Coffee, 사이트글래스 커피Sightglass Coffee 등 실력 있는 로스터리들이 연이어 등장하며 제3 물결을 이끌었다.

이들은 몇 가지 공통된 특징을 공유하며 샌프란시스코만의 독특한 커피 문화를 구축했다. 낡은 창고나 공장을 개조해 노출 콘크리트와 재생 목재를 그대로 살린 인더스트리얼 시크industrial chic 인테리어는 과거 공업지

높은 천장을 가진 포 배럴 커피의 창고형 매장 내부

대의 유산을 존중하면서도 꾸미지 않은 날것의 아름다움을 추구하는 도시의 미감을 반영했다. 또한 의도적으로 와이파이를 제공하지 않는 '노 와이파이No Wi-Fi' 정책을 통해, 카페를 '일하는 공간'에서 벗어나 사람들이 커피의 맛과 향 그리고 함께 있는 사람에게 집중하는 '경험의 공간'으로 되돌리고자 했다. 뿐만 아니라 바리스타가 커피를 만드는 공간을 한 편의 공연 무대처럼 개방하여, 손님들이 바리스타의 정교한 손놀림과 자신의 커피가 만들어지는 전 과정을 투명하게 볼 수 있도록 했다.

이러한 공간들은 전 세계에서 모여든 인재들에게 영감을 주는 아지트이자, 새로운 아이디어가 오가는 비공식적 교류의 장이 되었다. 벤처 투자자

사이트글래스 커피 샌프란시스코 소마 지구 매장

와 스타트업 창업자가 포 배럴 커피의 긴 테이블에 나란히 앉아 커피를 마시는 풍경은 샌프란시스코의 자연스러운 일상이 되었다.

커피에 사용자 경험을 입히다

결론적으로 샌프란시스코가 커피 역사에 기여한 가장 독창적인 부분은 원두나 기계를 넘어, 경험을 재설계한 데 있다. 이 도시는 커피 한 잔을 마시는 모든 과정을 사용자의 관점에서 세심하게 분석하고 최적화했다.

매장에 들어서는 순간의 공간감, 원두의 정보를 담은 명료한 설명, 바리스타의 전문적인 모습, 그리고 마침내 혀끝에서 느껴지는 복합적인 향미까지. 이 모든 과정은 마치 잘 만들어진 소프트웨어의 사용자 인터페이스처럼 직관적이고 만족스럽게 설계되었다. 커피에 사용자 경험이라는 개념을 성공적으로 도입한 것이다.

샌프란시스코에서 커피는 단순히 마시는 음료가 아니다. 지적 호기심을 채우고, 미적 감각을 만족시키며, 때로는 윤리적 가치관을 확인하는 고도의 문화적 행위이다.

미니멀리즘으로 본질에 다가서는 커피 한 잔

샌프란시스코는 커피를 통해 세상을 바라보는 새로운 방식을 제안했다. 대량생산과 익명성 대신 장인정신과 투명성을 선택했다. 복잡한 장식 대신 본질에 집중하는 미니멀리즘을 선택했다. 그리고 이 철학은 다시 실리콘밸리로 흘러 들어가, 세상을 바꾸는 새로운 기술과 서비스를 만드는 데 영감을 주었다.

샌프란시스코에서의 커피 한 잔은 거대한 혁신의 흐름을 압축적으로 보여주는 축소판이자 본질을 향한 치열한 탐구 정신을 일깨우는 조용한 선언이다.

Scene # **11** **튀르키예 이스탄불**

제즈베와 스페셜티가 공존하는 도시

보스포루스 해협의 안개, 커피 향을 머금다

동양과 서양이 만나는 도시 이스탄불Istanbul의 새벽 공기에는 오래된 커피 문화의 숨결이 감돈다. 이곳은 커피가 나지 않는 땅이다. 하지만 커피는 이 도시의 정체성을 이야기할 때 결코 빼놓을 수 없는 핵심 요소가 되었다. 예멘 모카Mocha항에서 시작된 커피의 흐름은 오스만 제국의 수도였던 콘스탄티노플오늘날의 이스탄불의 일상으로 들어왔고, 카흐베kahve라는 이름과 함께 새로운 사교 형식과 의례를 형성했다.

보스포루스 해협을 사이에 두고 아시아와 유럽으로 나뉘어진 이스탄불 전경

이스탄불의 커피는 제국의 권력과 서민의 삶이 오가던 커피하우스의 풍경, 금지와 허용을 거듭했던 정치의 흔적, 그리고 제즈베cezve로 커피를 내리고 팔fal로 미래를 읽던 일상의 모습이 모두 담겨 있다.

유네스코 인류무형문화유산으로 등재된 이스탄불의 커피 문화는 골목마다 들어선 현대적 스페셜티 카페와 공존하며 새로운 역사를 써 내려가고 있다.

제국의 심장으로 편입된 예멘 모카 커피

16세기 초, 오스만 제국이 이집트와 아라비아반도를 장악하면서 커피의 운명은 새로운 국면을 맞았다. 예멘의 모카항에서 출발한 커피 생두는 홍해를 거쳐 이집트의 카이로로, 다시 지중해를 통해 제국의 수도 이스탄불로 향하는 교역로 위에 올랐다. 당시 커피는 이슬람 수피Sufi 수행자들의 잠을 쫓는 비약으로 알려졌지만, 이내 궁정과 엘리트층을 중심으로 빠르게 퍼져나갔다.

1554년, 시리아 다마스쿠스 출신의 상인 두 명이 이스탄불의 상업 중심지인 타흐타칼레Tahtakale 지역에 최초의 커피하우스를 열었다고 전해진다. 이곳은 단순히 커피를 파는 곳이 아니었다. 신문이나 책이 귀하던 시절, 사람들은 커피하우스에 모여 정치와 세상사를 논하고, 체스 같은 게임을 즐겼으며, 전문 이야기꾼 메다흐Meddah가 들려주는 이야기에 귀를 기울였다. 이 당시 커피하우스는 모스크와 시장바자르을 잇는 비공식적 공론장이자 사교의 중심이었다.

오스만 제국 시대 이스탄불의 커피하우스 모습

악마의 유혹에서 제국의 세원으로

커피하우스가 도시의 새로운 소통 공간으로 각광받자, 보수적인 종교 지도자들과 관료들은 이를 경계하기 시작했다. 커피가 사람을 취하게 만드는 술와인과 같은 것이라는 신학적 논쟁이 벌어졌고, 사람들이 모여 정부를 비판하고 불온한 생각을 나눈다는 정치적 우려도 커졌다.

특히 17세기 무라드 4세는 커피와 담배, 그리고 커피하우스를 사회악으로 규정하고 강력한 금지령을 내렸다. 하지만 이러한 탄압에도 불구하고 커피 문화의 확산을 막을 수는 없었다. 금지령은 오히려 커피를 더 매력적인 것으로 만들었고, 사람들은 비밀리에 커피를 즐겼다. 결국 제국은 커피를 금지하는 대신, 세금을 부과하고 통제하는 방향으로 정책을 전환했다. 커피는 위험한 음료에서 제국의 재정에 일정 부분 기여하는 품목이 된 것이다.

제즈베, 느림의 미학

터키식 커피의 핵심은 제즈베 또는 이브릭ibrik이라 불리는 작은 구리 주전자에 있다. 밀가루처럼 아주 곱게 간 커피 원두를 물, 그리고 기호에 따라 설탕과 함께 제즈베에 넣고 천천히 끓여낸다. 에스프레소처럼 압력으로 빠르게 추출하는 방식과 달리, 터키식 커피는 낮은 온도에서 서서히 끓이며 원두의 모든 성분을 진하게 우려낸다.

가장 중요한 기술은 풍성하고 고운 거품쾨퓩, köpük을 만들어 내는 것이다. 거품은 커피의 향을 보존하고 부드러운 식감을 더하는 역할을 한다. 잘 끓여진 커피는 거품과 함께 잔에 조심스럽게 옮겨 담고, 커피 가루가 가라앉기를 잠시 기다렸다가 윗부분의 맑은 커피를 마신다. 이 기다림의 시간이야말로 터키식 커피가 지닌 느림의 미학을 상징한다.

커피를 마신 뒤 이어지는 뒤풀이, 커피 점

터키식 커피는 잔을 다 비운 뒤에도 한 번 더 이야기가 이어진다. 잔을 접시로 덮어 뒤집어 식힌 뒤 다시 열어 보면, 안쪽에 커피 가루가 만든 얼룩과 길 같은 흔적이 남는다. 사람들은 그 무늬를 보며 "새처럼 보여, 좋은 소식 올 거야", "이 선은 곧 이동이나 변화가 있을 것 같아"처럼 즉흥적으로 말을 붙인다. 이것이 바로 '팔'이라고 불리는 커피 점이다.

팔은 정확한 미래를 맞히기 위한 것이라기보다는 말문을 자연스럽게 트고 마음속 걱정이나 기대를 꺼내도록 돕는 대화 장치에 가깝다. 어색하게 "요즘 어때?"라고 묻는 대신 잔 속 무늬를 빌려 연애·일·가족·불안 같은 주제로 부드럽게 옮겨 타는 셈이다. 그래서 듣는 사람은 위로 받고, 말해 주는 사람은 작은 공연을 하는 듯한 참여 감각을 얻는다.

초기 도시 커피하우스가 주로 남성들의 공적 담론과 정보 교환이 이루 어지던 공간이었다면, 커피 점은 가까운 사람들끼리 사적인 감정과 일상 의 선택을 다루는 방식으로 자리잡았다. 오늘날에는 성별 구분 없이 친 구 모임이나 관광 카페에서도 가볍게 즐겨지고, 잔 사진을 업로드하면 자 동·반자동 해석을 돌려주는 모바일 앱까지 등장했다. 그래서인지 커피 점 에 대한 부정적 인식도 많이 완화되면서 하나의 터키식 놀이 문화로 점차 받아들여지고 있다.

제즈베를 이용해 전통 방식으로 커피를 내리는 모습(좌)과 다 마신 커피 잔을 접시로 덮어 식힌 뒤 나 타난 모양으로 점을 치는 터키식 커피 점술인 팔(우)

유네스코에서 스페셜티까지

2013년, 터키의 커피 문화와 전통은 유네스코 인류무형문화유산으로 등재되었다. 이는 터키식 커피가 단순한 음료를 넘어 환대, 사교, 구전 전통, 예술과 결합된 고유한 문화적 자산임을 세계적으로 인정받았다는 의미다.

이러한 전통 위에서 이스탄불의 커피 문화는 지금도 진화하고 있다. 카라쾨이Karaköy, 발라트Balat, 카디쾨이Kadıköy 같은 젊은 감각의 동네에는 에티오피아 예가체프 같은 싱글 오리진 원두를 핸드드립이나 사이폰으로 추출하는 3세대 스페셜티 카페들이 속속 들어서고 있다. 이들은 전통적인 터키식 커피와는 전혀 다른, 산미와 섬세한 향을 강조하는 새로운 커피 경험을 제공한다.

세계 제즈베 챔피언십 우승자의 커피 추출 장면

흥미로운 점은 전통과 현대가 만나 창의적으로 결합하고 있다는 것이다. 일부 스페셜티 카페에서는 최상급 싱글 오리진 원두를 터키식으로 추출하는 실험을 하기도 하고, 세계 제즈베 챔피언십World Cezve/Ibrik Championship 같은 대회를 통해 전통 추출법을 현대적으로 재해석하려는 시도도 활발하다.

이스탄불에서 커피를 마시는 경험은 그래서 특별하다. 오래된 커피하우스에서 진한 터키식 커피를 마시며 역사의 무게를 느낄 수도 있고, 세련된 스페셜티 카페에서 완전히 새로운 감각의 커피를 즐길 수도 있다. 과거와 현재, 전통과 혁신이 한 도시 안에서 자연스럽게 어우러지는 모습이야말로 오늘날 이스탄불 커피 문화의 가장 큰 매력이다.

역사의 향기가 밴 공간, 촐룰루 알리 파샤 메드레세시

이스탄불에서 16~17세기 원형을 보존하고 있는 전통적인 커피하우스는 화재와 재개발 등으로 인해 찾아보기 어렵다. 그나마 이스탄불의 전통 커피 문화를 가장 생생하게 체험할 수 있는 곳 중 하나는 베야짓Beyazıt 지구에 위치한 촐룰루 알리 파샤 메드레세시Çorlulu Ali Paşa Medresesi다. 이곳은 본래 18세기 초에 지어진 이슬람 신학교메드레세였으나, 지금은 고풍스러운 안뜰을 중심으로 여러 찻집과 물담배나르길레 가게가 모여 있는 복합 문화 공간으로 기능한다.

돌로 된 아치 아래 낮은 의자에 앉아 있으면, 자욱한 물담배 연기와 사람들의 나지막한 대화 소리, 진한 터키식 커피와 달콤한 차 향이 어우러지

고풍스러운 오스만 스타일 건물에 자리한 촐룰루 알리 파샤 메드레세시

며 마치 시간을 거슬러 오스만 시대로 들어온 듯한 착각을 불러일으킨다. 이곳을 찾는 손님들은 대부분, 담배를 피우거나, 술을 마시거나, 이야기를 나누거나, 생각에 잠기러 오는 지역 주민들이다.

그렇기에 이곳에서는 커피의 맛을 따지기보다는 역사가 깃든 공간의 분위기를 즐기고, 이스탄불 사람들이 친구와 느긋하게 대화를 나누는 일상의 모습을 경험하는 것이 중요하다.

세련된 감각의 제3 물결 공간, 페트라 로스팅 컴퍼니

현대 이스탄불 스페셜티 커피의 최전선에는 페트라 로스팅 컴퍼니Petra Roasting Co.가 있다. 세련된 감각의 여러 지점을 운영하는 페트라는 단순히 커피를 파는 곳을 넘어, 새로운 커피 문화를 교육하고 전파하는 플랫폼 역할을 한다. 이곳의 메뉴판에는 터키식 커피라는 단일 항목 대신, 에티오피아, 케냐, 콜롬비아 등 원두의 산지와 품종, 가공 방식, 그리고 재스민, 복숭아, 흑설탕 같은 구체적인 커핑 노트가 상세히 적혀 있다. 손님들은 바리스타와 전문적인 대화를 나누며 자신의 취향에 맞는 원두와 추출 방식을 선택하고, 한 잔의 커피가 완성되기까지의 모든 과정을 감각적으로 탐험한다.

페트라의 경험은 분위기보다 커피 맛에 초점이 맞춰져 있다. 밝은 산미를 자랑하는 필터 커피 한 잔은 이스탄불이 글로벌 커피 트렌드와 얼마나 긴밀하게 호흡하고 있는지를 명확히 보여준다. 흥미로운 점은 페트라 역시 전통에 대한 존중을 잊지 않는다는 것이다. 최상급 케냐 원두를 제즈베에 담아 터키식으로 추출하는 실험적 메뉴를 선보이는 등 전통 추출법의 가능성을 현대적으로 확장하려는 시도를 멈추지 않는다.

이스탄불의 대표적인 제3 물결 카페의 하나인 페트라 로스팅 컴퍼니

전통과 현재를 잇는 이스탄불의 커피

이스탄불에서 커피 한 잔은 제즈베의 짙은 향기나 스페셜티 카페의 화사한 산미를 넘어선다. 그것은 단순히 제즈베에서 피어오르는 짙은 향기나 스페셜티 카페의 화사한 산미에 국한되지 않는다. 이스탄불의 커피는 제국의 공론장이었던 커피하우스의 기억, 느림의 미학이 담긴 추출 방식, 그리고 잔을 맞대고 내밀한 이야기를 나누게 하는 팔 문화까지 아우르는 하나의 거대한 서사다.

유네스코가 인정한 이 깊고 오래된 전통은 글로벌 스페셜티 커피라는 새로운 흐름을 만나 가장 이스탄불다운 방식으로 진화하고 있다. 촐룰루 알리 파샤의 뭉근한 분위기와 페트라 로스팅 컴퍼니의 세련된 감각은 서로 대립하는 것이 아니라, 하나의 도시가 품은 다채로운 스펙트럼을 보여준다.

과거의 유산 위에 현대적 감각을 더하며 자신만의 독창성을 만들어가는 것, 이것이 보스포루스 해협의 도시가 선사하는 특별한 커피 경험일 것이다.

Scene# **12** **호주 멜버른**

플랫 화이트에 담긴 자부심, 커피의 기준을 세우다

커피 한 잔에 녹아든 도시의 영혼

멜버른Melbourne의 아침, 다운타운 골목은 에스프레소 머신이 뿜어내는 증기와 갓 분쇄된 원두의 향으로 가득하다. 여기에 우유 거품의 고소한 냄새와 갓 구운 브런치 빵의 온기, 그리고 벽을 채운 그래피티 같은 시각적 요소가 더해져 이 도시만의 독특한 분위기를 만들어낸다.

──────────
빅토리아 유산과 현대적 마천루가 어우러진 멜버른 다운타운 전경

멜버른이 세계 커피 지도에서 특별한 위상을 차지하는 이유는 단순히 좋은 커피를 파는 도시이기 때문은 아니다. 이곳은 커피가 어떻게 하나의 도시를 만들고, 시민들의 일상을 조직하며, 나아가 세계적인 문화 코드로 자리 잡을 수 있는지를 생생하게 보여주는 거대한 실험실과 같다.

2차 세계대전 이후 이탈리아 이민자들이 멜버른에 전한 에스프레소는 도시의 골목길 문화를 만나 전문 바리스타를 탄생시켰고, 이제는 원두의 윤리까지 고려하는 깊이 있는 미식 문화로 진화하고 있다.

이민자의 도시, 에스프레소 문화를 이식하다

멜버른의 커피 문화는 2차 세계대전 이후, 새로운 삶을 찾아 호주로 밀려온 이탈리아와 그리스 이민자들의 이야기에서 시작된다. 영국 문화의 영향 아래 차를 마시는 것이 보편적이던 이 도시에 이탈리아 이민자들은 고향의 삶 그 자체였던 에스프레소 바 문화를 통째로 옮겨왔다.

1950년대 칼턴Carlton 지역을 중심으로 생겨난 에스프레소 바는 단순히 커피를 마시는 장소가 아니었다. 고향을 떠나온 이들에게는 정보 교환의 장이자 서로의 안부를 묻는 사랑방이었고, 낯선 땅에서 뿌리내릴 수 있게 하는 심리적 구심점이었다.

이 흐름의 중심에 1954년 문을 연 펠레그리니스 에스프레소 바Pellegrini's Espresso Bar가 있다. 멜버른의 중심가인 버크 스트리트Bourke Street에 자리한 이곳에 들어서는 순간, 시간은 70년 전으로 거슬러 올라간다. 길게 이어진 스테인리스 스틸 카운터, 붉은색 가죽을 씌운 등받이 없는 의자, 벽

반세기 넘는 역사를 간직한 멜버른의 상징적인 카페, 펠레그리니스 에스프레소 바

면을 가득 채운 오래된 사진과 포스터들은 마치 영화 세트장 같다.

이곳에서 커피는 식사를 마친 뒤의 후식이 아니라, 일과 일 사이, 만남과 헤어짐 사이에 잠시 숨을 고르는 리듬으로 작동했다. 사람들은 바에 서서 빠르게 에스프레소 한 잔을 털어 넣고 다시 거리로 나섰다. 이 짧고 강렬한 의식은 훗날 멜버른 특유의 빠르고 활기찬 도시 문화를 형성하는 원형이 되었다.

펠레그리니스는 복잡한 싱글 오리진 메뉴보다 지금도 여전히 에스프레소 종류에 집중한다. 이 단순함은 오히려 커피의 본질, 추출 그 자체에 집중하게 만들었고, 이 도시에서 에스프레소 커피의 전통을 오랫동안 지켜온 배경이 되었다.

골목의 연금술사, 바리스타의 탄생

멜버른의 커피 문화가 특별한 또 다른 이유는 바리스타를 단순한 음료 제조자에서 고도의 기술과 지식을 갖춘 전문직이자 장인으로 격상시켰다는 점에 있다. 팁 문화가 거의 없는 호주의 임금 구조는 바리스타들이 시간당 노동의 대가로 더 높은 기술적 숙련도를 요구받는 환경을 만들었다. 이들은 원두의 특성에 맞춰 분쇄도를 조절하고, 1g 단위로 원두 양을 측정하며, 초 단위로 추출 시간을 제어한다. 마치 과학 실험을 하듯, 완벽한 한 잔을 위한 자신만의 레시피를 끊임없이 탐구한다.

이러한 장인 정신의 상징과도 같은 메뉴가 바로 플랫 화이트Flat White다. 카푸치노의 풍성하고 뻣뻣한 거품과 라테의 부드러움 사이, 플랫 화이트는 벨벳처럼 매끄럽고 얇은 우유 거품마이크로폼 아래 에스프레소의 풍미를 오롯이 드러내는 것을 목표로 한다. 1980년대 호주에서 발명되었다는 설과 뉴질랜드가 원조라는 주장이 팽팽히 맞서지만, 중요한 것은 이 음료가 멜버른에서 좋은 우유 커피의 기준으로 자리 잡았다는 사실이다.

멜버른 사람들은 플랫 화이트와 라테, 매직Magic, 리스트레토 더블샷으로 만든 플랫 화이트의 미묘한 질감과 농도 차이를 구별하며 커피를 즐긴다. 이는 커피가 단순한 기호품을 넘어, 맛과 향의 미묘한 차이를 섬세하게 즐기는 대상이 되었음을 보여준다.

이 전문 바리스타들의 주 무대는 바로 도시 곳곳에 미로처럼 얽힌 레인웨이laneway다. 레인웨이는 멜버른 도심 곳곳에 거미줄처럼 흩어져 있는 좁은 골목길을 뜻하는 데, 1980년대까지만 해도 서비스 차량의 통행, 물건 하역, 쓰레기 처리 등을 위한 후미진 뒷골목에 불과했다. 그러던 것이 1990년대 이후 도시 재생 프로젝트를 통해 예술가들이 벽에 그래피티를 그리고, 작은 카페와 레스토랑, 독립 상점들이 이곳에 자리를 잡으면서 멜버른의 독특한 문화 공간으로 탈바꿈했다.

레인웨이에 들어선 카페들은 비좁은 공간의 한계를 극복하기 위해 창의적인 공간 활용을 선보였다. 벽면 전체를 메뉴판으로 활용하고, 수직 선반에 원두와 굿즈를 진열하며, 손님들은 좁은 바에 옹기종기 붙어 서서 커피를 마신다. 그라인더의 날카로운 소음과 스팀 피처가 우유를 데우는 소리, 사람들의 웅성거림, 벽의 그래피티가 뒤섞여 모든 감각이 어우러지는 독특한 경험은 멜버른의 커피 경험을 더욱 특별하게 만드는 핵심 요소다.

라떼 • 플랫 화이트 • 매직 커피의 차이

커피, 맛을 넘어 철학을 이야기하다

2000년대에 접어들며 멜버른의 커피 씬은 다시 한 번 방향을 바꿔, 산지·품종·가공 특성을 세밀하게 음미하려는 제3의 물결이 점차 힘을 얻었다. 2007년 칼턴의 세븐 시즈Seven Seeds는 그 흐름을 주도한 로스터리의 하나였다. 매장 한복판에 둔 상업용 로스터를 통해 생산 과정을 투명하게 보여주고, 퍼블릭 커핑 세션을 열어 소비자가 직접 향미 차이를 비교해 보도록 한 점이 특징적이었다. 덕분에 방문객들은 예가체프 특유의 복합적인 꽃 향미와 콜롬비아 후일라 원두에서 흔히 느껴지는 부드럽고 달달한 향미를 구분해 보며 자신만의 취향을 탐색할 수 있었다.

　이러한 형식은 단지 마시는 경험을 정보와 감각을 의식적으로 해석하는 경험으로 확장시키는 데 기여했고, 여기서 경력을 쌓은 여러 바리스타들이 다른 카페로 퍼져 나가면서 지역 전반의 품질 향상에 일정한 영향을 미쳤다는 평가도 있다.

　세븐 시즈와 같은 로스터리들이 커피의 향미를 섬세하게 표현하는 문화를 이끌었다면, 2009년 프라한 마켓에서 시작한 마켓 레인 커피Market Lane

---

멜버른의 대표적인 제3 물결 카페의 하나인 세븐 시즈 로스터리

Coffee는 여기에 투명성과 계절성이라는 가치를 더하며 주목받았다. "우리가 사랑하는 도시를 위해 커피를 만듭니다"라는 슬로건 아래, 이들은 커피를 과일처럼 제철에 가장 맛있는 농산물로 취급한다. 커피 봉투에는 농장 이름, 고도, 품종, 가공 방식은 물론, 경우에 따라 수확 연도까지 상세히 표기해 와인의 빈티지처럼 그 특성을 가늠할 수 있게 했다.

더 나아가, 정기적으로 투명성 보고서를 발간해 어떤 농장의 누구에게 커피 생두 값으로 얼마를 지불했는지 단위 무게 당 단가까지 공개한다. 이는 직거래라는 말이 막연한 마케팅 구호에 그치지 않고, 윤리적 소비를 고민하는 소비자들에게 검증 가능한 정보를 제공하겠다는 약속이다. 마켓 레인은 좋은 커피란 맛뿐만 아니라 그 커피가 우리 손에 오기까지의 모든 과정이 공정하고 정직해야 한다는 철학을 멜버른 커피 업계에 중요한 가치로 자리 잡게 하는 데 크게 기여했다.

계절마다 새로운 원두를 선보이는 마켓 레인 커피

도시의 일상이 된 커피 문화

커피는 멜버른 사람들의 삶 그 자체다. 주말 아침이면 사람들은 저마다 단골 카페로 향해 브런치 메뉴를 즐긴다. 이때 커피는 더 이상 음식의 조연이 아니다. 음식 플레이트의 산미와 커피의 산미가 조화를 이루도록 페어링하고, 플랫 화이트의 고소함이 베이컨의 짭짤함과 어우러지는 것을 즐기는 당당한 주연 배우다. 카페는 식사와 사교, 업무와 휴식이 모두 가능한 복합 문화 공간으로 기능한다.

멜버른의 커피 문화는 이제 도시의 경계를 넘어 세계로 확산되고 있다. 세계 곳곳의 대도시에서 멜버른 스타일 카페를 만날 수 있다. 이는 특정 브랜드를 수출하는 프랜차이즈 방식이 아니다. 전문성을 갖춘 바리스타, 산지 정보가 상세히 적힌 메뉴판, 브런치와의 조화, 그리고 나무와 흰색 타일로 꾸민 특유의 미니멀한 인테리어까지, 멜버른의 운영 철학 그 자체를 이식하는 방식이다.

펠레그리니스가 사람들의 일상 속에 에스프레소 문화를 뿌리내리게 했고, 세븐 시즈는 기술과 교육을 통해 전문성을 더했으며, 마켓 레인은 투명성이라는 윤리적 가치를 더하며 오늘날의 커피 문화를 완성했다. 이 도시에서 마시는 커피 한 잔은 도시의 역사를 통째로 음미하는 것과 같다.

제4장

장인의 손길과 기술,
커피의 품격을 완성하다

잘 자란 커피 열매는 어떻게 한 잔의 예술이 될까요?
그것은 바로 장인의 손길과 기술의 정밀함에 달려 있
습니다. 도자기의 도시에서 커피의 품격을 빚고, 다도
의 정신으로 한 잔을 내리며, 속도의 혁명과 기계의
정밀함으로 완벽을 추구합니다. 이번 장에서는 커피
에 품격을 더하는 장인 정신과 기술의 세계로 떠나,
커피의 완성도를 향한 인간의 열정을 만납니다.

Scene # 13 영국 스토크온트렌트

도자기의 도시, 커피의 품격을 빛다

커피잔에 담긴 도시의 기억

어떤 잔에 담아 마시는지에 따라 커피를 즐기는 경험의 결이 달라지곤
한다. 두툼한 머그잔은 편안함을 주고, 얇고 가벼운 본차이나Bone China 잔
은 섬세한 느낌을 전해준다. 커피의 맛은 원두와 추출 방식이 결정하지만,
잔의 재질이나 형태가 입술에 닿는 감촉과 온도를 통해 그 경험을 완성하
는 역할을 하는 것이다.

항아리 모양의 도자기 공장 굴뚝 경관이 이색적인 스토크온트렌트

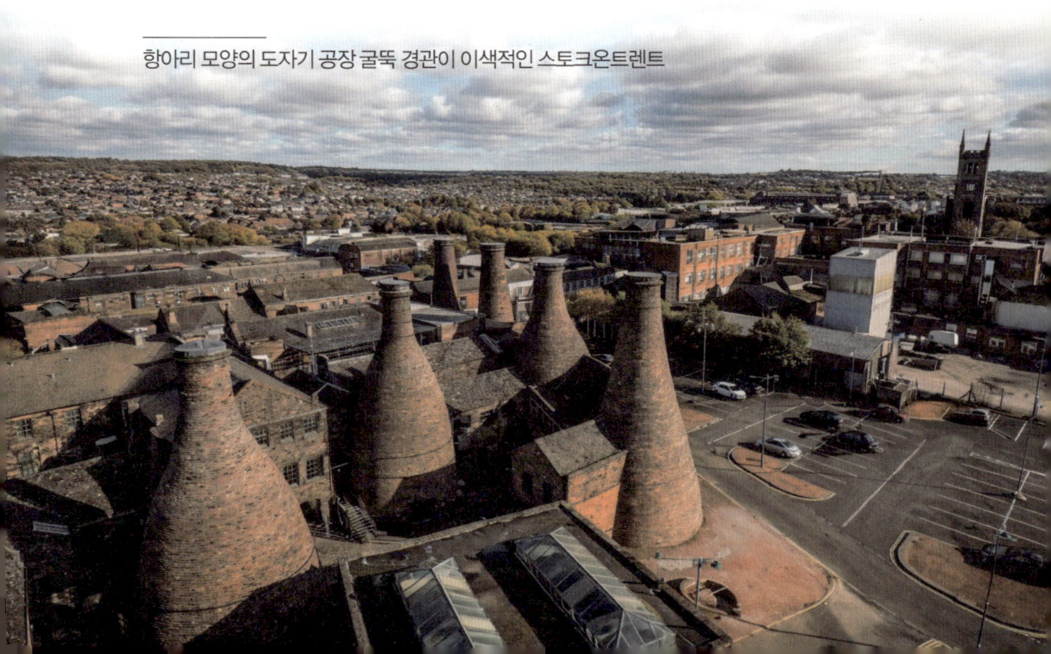

이러한 생각은 영국 스토크온트렌트Stoke-on-Trent라는 도시를 가보면 더욱 깊어질 것이다. 이곳은 널리 알려진 관광 도시는 아니지만, 한때 세계 도자기 산업의 중심지로 불렸던 곳이다. 도시의 별칭이 '도자기들'이라는 의미의 '더 포터리스the Potteries'일 정도로, 웨지우드Wedgwood, 로얄 덜튼Royal Doulton 등 영국의 대표적인 도자기 브랜드가 이곳에서 태어났다.

오늘날 도시 곳곳에 남은 옛 공장 건물과 굴뚝은 과거의 흔적을 보여주며, 그 역사적 공간 속으로 현대적인 카페 문화가 자연스럽게 스며들었다. 오래된 도자기 공장을 개조한 카페에서 그 공장에서 만든 잔으로 커피를 마시는 경험은, 250년이 넘는 산업 역사의 한 페이지를 들여다보는 것과 같다.

불과 흙, 그리고 운하: '더 포터리스'의 흥망성쇠

스토크온트렌트의 역사는 영국 도자기 산업의 역사와 맥을 같이한다. 18세기 산업혁명 시기, 이 지역이 세계 도자기 시장의 중심으로 성장할 수 있었던 배경에는 지리적 이점과 혁신적인 인물의 등장이 있었다.

스토크 지역은 도자기의 원료인 점토와 가마를 데울 석탄이 풍부했다. 하지만 초기 생산품은 품질이 비교적 거친 토기earthenware 수준에 머물렀고, 당시 유럽 고급 시장은 희고 단단하며 빛이 투과될 정도로 얇은 중국의 자기Porcelain가 주도하고 있었다.

이 구도를 바꾼 인물이 바로 조사이아 웨지우드Josiah Wedgwood, 1730-1795이다. 그는 과학적인 실험을 거듭하여 기존 토기보다 훨씬 희고 아름다운

크림웨어Creamware를 개발했다. 이 크림웨어는 샬럿 왕비의 후원을 받으며 퀸즈웨어Queen's Ware라는 칭호를 얻었고, 영국을 넘어 유럽 대륙에서 큰 성공을 거두었다. 웨지우드는 여기에 그치지 않고, 고대 유물을 연상시키는 무광의 재스퍼웨어Jasperware를 개발하는 등 예술과 산업의 경계를 넘나들었다. 그는 뛰어난 도공이었을 뿐만 아니라, 왕실 마케팅과 쇼룸 운영 등 현대적인 브랜딩 전략을 구사한 선구적인 사업가로 평가받는다.

웨지우드의 크림웨어 세트와 재스퍼웨어 세트

웨지우드의 성공은 지역의 다른 도공들에게도 자극을 주었다. 조사이아 스포드Josiah Spode는 뼛가루를 섞어 만드는 본차이나를 완성했다. 본차이나는 특유의 우윳빛과 뛰어난 내구성, 얇은 두께로 세계 고급 식기 시장의 표준 중 하나로 자리 잡았다.

이후 민턴Minton, 로얄 덜튼 같은 브랜드들이 연이어 등장하며 19세기 스토크온트렌트는 세계 도자기 산업의 중심지로 자리매김했다.

미들포트 포터리 공장과 트렌트 앤 머지 운하

이러한 성장을 가능하게 한 또 다른 중요 요소는 운하였다. 무겁고 깨지기 쉬운 도자기를 안전하게 운송하고, 외부에서 콘월 지방의 고령토 같은 원료를 들여오기 위해 운하 건설이 필수적이었다. 웨지우드가 직접 주도하여 건설된 트렌트 앤 머지 운하Trent and Mersey Canal는 스토크온트렌트의 공장들과 리버풀, 헐 같은 주요 항구를 잇는 동맥 역할을 했다.

하지만 영원할 것 같던 영광의 시대는 20세기에 들어 점차 저물기 시작했다. 두 차례의 세계대전과 저렴한 노동력을 앞세운 후발 주자들의 추격, 그리고 플라스틱 같은 대체재의 등장은 전통 도자기 산업에 큰 타격을 주었다. 많은 공장이 문을 닫았고, 도시의 상징이었던 병 모양 가마Bottle Kiln 들도 가동을 멈추었다.

산업 유산, 카페 문화로 다시 태어나다

한때 쇠락의 길을 걷는 듯했던 스토크온트렌트는 도시 곳곳에 남은 산업 유산을 새로운 자산으로 바라보기 시작했다. 낡은 공장과 굴뚝, 운하는 더 이상 과거의 잔재가 아니라, 도시의 정체성을 보여주는 흥미로운 스토리텔링의 소재가 되었다.

스토크온트렌트는 이 특별한 자산을 활용해 문화적 재생을 시도했고, 그 중심에 카페가 있었다. 오래된 공장 건물을 허무는 대신, 그 골격과 분위기를 살려 카페, 박물관, 공방으로 되살린 것이다. 방문객들은 이제 단순히 상점에서 도자기를 구매하는 것을 넘어, 도자기가 만들어졌던 역사적인 공간 안에서 커피를 마시고 장인의 작업을 보며 직접 흙을 만져보는 체험을 할 수 있게 되었다. 이러한 도자기 카페 문화는 스토크온트렌트의 커피 경험을 특별하게 만든다.

살아있는 박물관, 미들포트 포터리 카페

트렌트 앤 머지 운하 옆에 자리한 미들포트 포터리Middleport Pottery는 1889년에 지어진 빅토리아 시대의 도자기 공장으로, 지금도 전통적인 방식으로 도자기를 생산하고 있는 살아 있는 박물관과 같은 곳이다. 이곳은 영국 도자기 브랜드 버얼리Burleigh의 생산 기지이기도 하다.

붉은 벽돌 건물과 병 모양 가마, 증기 엔진의 흔적이 고스란히 보존된 공장에서는 버얼리 도자기의 전통 생산 과정, 특히 동판에 새긴 문양을 종이에 찍어 수작업으로 도자기에 옮기는 언더글레이즈 트랜스퍼 프린

역사적 건물에서 커피와 티를 즐길 수 있는 미들포트 포터리 카페

팅 Underglaze Transfer Printing 기법을 가까이서 볼 수 있다.

이 역사적인 공장 한편에 자리한 카페는 삐걱거리는 나무 바닥과 오래된 벽돌 벽 등 공장의 분위기를 그대로 살렸다. 창밖으로는 운하와 그 위를 오가는 보트가 그림 같은 풍경을 만든다. 이곳에서는 당연히 버얼리의

버얼리(Burleigh) 도자기를 생산하는
미들포트 포터리 공장의 붉은 벽돌 건물 전경

찻잔과 접시에 커피와 케이크가 담겨 나온다. 방금 전 장인의 손끝에서 만들어지는 것을 보았던 바로 그 그릇에 담긴 커피 한 잔은, 19세기 노동자들의 땀과 오늘날 장인의 자부심 그리고 운하의 역사가 어우러지는 특별한 경험을 선사한다.

우아함의 정수, 월드 오브 웨지우드

미들포트가 살아있는 공장의 매력을 보여준다면, 월드 오브 웨지우드World of Wedgwood는 세련된 감각으로 브랜드의 역사를 풀어내는 복합문화공간이다. 이곳은 박물관, 팩토리 투어, 플래그십 스토어, 우아한 티룸과 카페를 갖추고 방문객들에게 웨지우드의 모든 것을 체험하게 한다.

방문객들이 도자기 생산 체험을 할 수 있는 웨지우드 팩토리

박물관에서는 조사이아 웨지우드의 실험 노트부터 초기 작품들까지 260년이 넘는 브랜드의 역사를 한눈에 볼 수 있다. 팩토리 투어에서는 전통 기술과 현대 기술이 결합된 생산 과정을 볼 수 있으며, 직접 물레를 돌리는 체험도 가능하다.

이곳 경험의 중심에는 웨지우드 티 룸The Wedgwood Tea Room이 있다. 최고급 웨지우드 본차이나 식기에 담겨 나오는 애프터눈 티 세트는 물론, 커피나 차 한 잔만으로도 웨지우드가 추구하는 우아함을 맛볼 수 있다.

섬세한 꽃무늬가 그려진 얇고 가벼운 본차이나 커피잔은 입술에 닿는 감촉이 부드럽고, 커피의 짙은 색을 더욱 돋보이게 한다. 이곳에서의 커피 한 잔은 혁신과 장인정신으로 세계적인 브랜드를 일군 자부심과 영국의

웨지우드 잔으로 커피 한 잔을 경험할 수 있는 티 룸

차 문화를 격조 높은 방식으로 경험하는 것이다.

이 외에도 스토크온트렌트에는 로얄 덜튼, 포트메리온Portmeirion, 엠마 브릿지워터Emma Bridgewater 등 여러 도자기 브랜드의 팩토리 숍과 카페가 도시 곳곳에 자리하고 있다.

도시의 영혼을 담은 커피 한 잔

스토크온트렌트의 여정은 우리에게 커피 한 잔에 담길 수 있는 이야기의 깊이와 넓이를 다시금 생각하게 한다. 이 도시에서 커피는 더 이상 단순한 기호음료가 아니다.

우리가 스토크온트렌트의 카페에 앉아 커피를 마실 때, 우리는 250년 전 조사이아 웨지우드의 혁신적인 아이디어와 운하를 오가던 바지선들의 고단한 노동과 수많은 도공의 땀과 열정을 함께 마시는 것이다. 그리고 그 모든 것을 아름답게 담아내는 그릇, 즉 커피잔을 통해 도시의 영혼과 직접 만나는 것이다.

Scene # **14** **일본 교토**

느림의 미학, 다도의 정신으로 내린 한 잔

전통의 도시, 커피를 만나다

교토京都는 금각사와 청수사 같은 오래된 사찰, 그리고 전통 목조 가옥이 늘어선 골목길이 어우러진 일본의 옛 수도이다. 오랜 역사를 간직한 이 도시에서 현대적인 스페셜티 커피 문화가 함께 성장하는 모습은 흥미로운 풍경을 만들어낸다.

고풍스러운 경관이 아름답게 펼쳐진 교토의 히가시야마 역사 지구

오늘날 교토의 커피를 이야기할 때, 아라시야마 강변에 자리한 '% 아라
비카 % Arabica'를 떠올리는 이들이 많다. 이 카페는 교토의 현대적인 커피
문화를 보여주는 대표적인 사례 중 하나이다. 하지만 교토의 커피 이야기
는 하나의 브랜드만으로 설명하기 어렵다. 그 이면에는 수십 년간 자리를
지켜온 오래된 노포老鋪 카페들과, 차를 다루듯 커피를 대하는 장인정신,
그리고 전통을 존중하면서도 새로운 것을 받아들이는 도시의 분위기가
함께 녹아 있다.

교토의 커피 문화는 여러 겹으로 이루어져 있다. 오랜 시간 천천히 추출
하는 콜드브루cold brew의 깊은 맛이 있는가 하면, 숙련된 바리스타가 정교
하게 내려주는 핸드드립 커피의 섬세함도 존재한다. 여기에 세계적인 트
렌드를 반영한 스페셜티 커피의 세련미가 더해져 교토만의 독특한 커피
지도를 완성한다.

교토 커피 문화의 시작

일본에 커피가 처음 일려진 것은 17세기경 나가사키 네시마를 통해 교
역하던 네덜란드 상인들을 통해서였다. 하지만 커피가 본격적으로 퍼지
기 시작한 것은 서양 문물이 유입된 메이지 시대1868~1912부터이다. 이 시
기 도쿄를 중심으로 킷사텐喫茶店이라 불리는 다방이 생겨나며 커피는 새
로운 문화를 상징하는 음료로 자리 잡기 시작했다.

교토 역시 이러한 흐름 속에서 자신만의 방식으로 커피 문화를 받아들
였다. 교토의 커피 문화를 이야기할 때 종종 언급되는 것이 바로 다도茶道

문화이다. 다도는 찻잎을 고르고, 물을 끓이고, 정성껏 차를 우려내는 모든 과정의 격식과 정신을 중요하게 여긴다. 이러한 태도가 커피를 내리는 방식에도 영향을 주었을 것이라는 해석이 있다. 즉, 서양의 방식을 그대로 따르기보다, 찻잎 대신 원두를 사용해 최고의 맛과 향을 끌어내려는 장인 정신이 교토 커피 문화의 바탕에 깔려 있다는 것이다.

이러한 배경 속에서 교토 커피의 한 축을 이루는 콜드브루, 일본식 표현으로는 더치커피가 주목받기 시작했다. 더치커피는 차가운 물을 이용해 오랜 시간보통 8~12시간에 걸쳐 천천히 커피를 추출하는 방식이다. 이 방식은

교토 스타일 콜드브루 타워

교토의 기후와도 관련이 있다는 설이 있다. 분지 지형인 교토의 여름은 덥고 습하기로 유명한데, 이런 날씨에 뜨거운 커피보다 시원하고 깔끔한 맛의 커피를 찾는 수요가 자연스럽게 생겨났다는 것이다. 또한 장시간 저온 추출한 커피는 쓴맛이 덜하고 부드러운 풍미를 지녀, 자극적이지 않고 재료 본연의 맛을 즐기는 교토 사람들의 입맛과도 잘 맞았을 수 있다.

교토의 오래된 카페에 가면 실험실 기구처럼 생긴 정교한 유리 기구를 볼 수 있는데, 이것이 바로 더치커피를 내리는 기구이다. 한 방울씩 떨어지는 커피를 보며 기다리는 시간은 효율보다는 정성을 중요시하는 교토의 문화를 상징적으로 보여준다.

교토의 카페, 시간과 공간을 담다

교토에는 수십 년의 역사를 자랑하는 노포부터, 낡은 목조 가옥 마치야町家를 개조한 개성 있는 공간, 젊은 감각의 로스터리 카페까지 다양한 카페가 공존한다.

1940년에 문을 연 이노다 커피Inoda Coffee는 교토를 대표하는 오래된 카페 중 하나로, 지역 주민들의 오랜 사랑을 받아온 곳이다. 붉은색 벨벳 의자와 클래식한 실내 장식, 정중한 유니폼을 입은 직원들의 모습은 옛 시절의 분위기를 느끼게 한다.

이곳의 대표 메뉴인 아라비아의 진주 블렌드 커피는 처음부터 설탕과 우유를 넣어 제공하는 것이 특징이다. 이는 "가장 맛있는 황금 비율로 제공하니, 손님은 그저 즐기기만 하면 된다"는 가게의 철학이 담긴 전통이다.

변치 않는 맛과 분위기로 오랜 단골들의 발길이 이어지는 이노다 커피는 교토의 역사를 간직한 공간 중 하나이다.

1952년에 창업한 오가와 커피는 교토의 커피 장인이라는 자부심 아래 원두 수입부터 로스팅, 추출까지 엄격한 품질 관리를 추구하는 브랜드이다. 일본 바리스타 챔피언십에서 여러 차례 우승자를 배출했을 만큼 바리스타의 기술과 전문성을 중요하게 여긴다.

카운터가 주방을 중심으로 회전하는 이색적 풍경의 이노다 커피 산조점

특히 전통 가옥인 마치야를 개조한 오가와 커피 사카이마치 니시키점은 교토다운 분위기 속에서 커피를 즐길 수 있는 곳이다. 숙련된 바리스타가 핸드드립으로 내려주는 스페셜티 커피와 함께, 커피와 어울리는 디저트도 경험할 수 있다.

교토 커피 문화의 또 다른 축에 현대적인 스페셜티 커피가 있다면, 그 중심에 % 아라비카가 있다. 2014년 교토 히가시야마에 문을 연 이 카페는 등장과 함께 세계적인 주목을 받았다. 창업자 케네스 쇼지는 '커피를 통해 세상을 본다See the World Through Coffee'는 철학 아래, 하와이에 직접 커피 농장을 운영하고 세계 최고 수준의 에스프레소 머신을 사용하는 등 좋은 커피를 위한 투자를 아끼지 않았다.

전통적인 마치야 건물을 재생하여 고풍미를 더한 오가와 커피 사카이마치 니시키점

% 아라비카의 성공 요인은 좋은 커피 맛뿐만 아니라, 브랜드 철학을 담아낸 미니멀한 공간 디자인에도 있다. 흰색을 바탕으로 목재와 콘크리트를 활용한 절제된 인테리어는 그 자체로 브랜드의 상징이 되었다. 특히 아라시야마의 가쓰라 강변에 자리한 매장은 아름다운 자연과 현대적인 디자인이 조화를 이루며, 교토를 찾는 많은 관광객이 방문하는 명소가 되었다. 전통적인 카페 문화와는 다른 길을 걷는 것처럼 보이지만, 최고의 재료를 고집하는 장인정신과 본질에 집중하는 미학은 교토의 전통적인 가치와도 맞닿아 있다.

탁 트인 통창으로 가츠라강을 바라보는 % 아라비카 아라시야마점

교토 커피 문화의 숨은 힘

교토의 커피 문화가 풍성해진 배경에는 눈에 보이는 카페들 외에도, 이를 뒷받침하는 산업 생태계가 존재한다. 바로 로스터리와 커피 장비 산업이다.

첫째, 직접 원두를 볶는 자가 로스팅 문화가 발달했다. 교토의 많은 카페 마스터들은 단순히 커피를 내리는 것을 넘어, 직접 생두를 고르고 볶으며 자신만의 맛을 만들어왔다. 이러한 문화는 오가와 커피 같은 대규모 로스터리 기업의 성장은 물론, 도시 곳곳에 자리한 개성 있는 소규모 스페셜티 로스터리의 등장으로 이어졌다. 이들은 세계 각지 농장과 직접 거래하며 좋은 품질의 원두를 교토에 공급하는 역할을 한다.

둘째, 완벽한 한 잔을 위한 장비에 대한 관심이다. 일본은 칼리타Kalita, 하리오Hario 등 세계적으로 유명한 핸드드립 장비 브랜드를 배출한 나라이

교토의 로컬 커피 브랜드와 협업으로 생산된 쿄야키 커피잔과 머그잔

다. 교토의 장인들 역시 좋은 커피를 내리기 위해 드리퍼, 필터, 드립포트 등 장비 하나하나에 정성을 쏟는다. 특히 교토는 교야키京燒 또는 기요미즈야키清水燒로 불리는 전통 도자기 공예가 발달한 곳이다. 교토의 도예가들은 커피 브랜드와 협업하여 아름다운 세라믹 드리퍼나 커피잔을 만들어내는데, 이는 커피를 즐기는 또 하나의 재미를 더해준다.

전통과 혁신이 공존하는 커피 도시

교토의 커피 문화는 과거와 현재, 전통과 새로움이 자연스럽게 어우러지는 모습을 보여준다. 오래된 킷사텐에서 진한 더치커피를 맛보는 경험과 강변의 세련된 카페에서 세계적인 수준의 라떼를 즐기는 경험이 공존하는 곳. 이것이 바로 교토가 가진 독특한 매력이다. 다도의 정신을 떠올리게 하는 장인들, 낡은 마치야를 개조해 자신만의 공간을 만드는 젊은 바리스타들, 그리고 이 모든 것을 존중하고 즐기는 사람들이 있기에 교토의 커피 문화는 오늘도 더욱 깊어지고 있다.

Scene # 15 이탈리아 밀라노

속도와 스타일의 혁명, 에스프레소의 심장

밀라노, 속도를 발명하다

이탈리아 경제의 중심도시 밀라노Milano. 이곳에서 커피는 사색의 도구가 아니라 속도 그 자체다. 수많은 밀라노 시민들이 아침 출근길에 바bar에 들러 바리스타와 눈인사를 나누고, 순식간에 나온 에스프레소 한 잔을 서서 들이켠 뒤 총총히 사라진다.

두오모를 중심으로 전통과 현대가 공존하는 밀라노 도시 전경

이들에게 커피는 하루를 시작하는 행위 의식이자, 현대 도시의 숨 가쁜 리듬을 유지하는 카페인 연료다. 이 짧은 순간 속에 밀라노가 커피 역사에 기여한 가장 위대한 발명, 에스프레소의 철학이 담겨 있다.

밀라노는 커피를 마시는 행위를 재정의했다. 기다림을 압축하고, 맛과 향을 응축하여 단 한 모금에 폭발시키는 혁신. 그것은 느림과 전통의 세계에 던져진 속도와 효율이라는 시대정신의 선언이었다. 패션과 디자인의 수도 밀라노는 커피를 현대인의 라이프스타일로 디자인하고, 세계의 아침을 바꾸었다.

에스프레소의 발명

19세기 말, 산업혁명의 심장부였던 북부 이탈리아의 공장들은 쉴 새 없이 돌아갔다. 노동자들에게는 짧은 휴식 시간 동안 정신을 번쩍 들게 할 무언가가 필요했고, 카페 주인들에게는 한정된 시간에 더 많은 손님에게 커피를 팔 방법이 필요했다. 당시의 커피 추출 방식은 너무 느렸다. 한 잔을 만드는 데 몇 분씩 걸리는 드립 방식으로는 도시의 속도를 따라잡을 수 없었다.

이 문제를 처음으로 해결하려 한 사람은 토리노의 발명가 안젤로 모리온도Angelo Moriondo였다. 그는 1884년, 증기 압력을 이용해 대량의 커피를 빠르게 추출하는 기계로 특허를 얻었다. 하지만 그의 발명은 개인적인 사용에 그쳤을 뿐, 대중화되지는 못했다.

그러나 진정한 혁신은 밀라노에서 시작되었다. 밀라노의 발명가 루이지 베제라Luigi Bezzera는 모리온도의 아이디어를 개선하여, 여러 잔의 커피

1906년 밀라노 세계박람회에 등장한 세계 최초의 에스프레소 머신 '이데알레'

를 동시에 그리고 훨씬 빠르게 추출할 수 있는 기계를 만들었다. 그는 개별 커피 가루를 담는 포터필터portafilter와 여러 개의 추출구를 고안하여 작업 효율을 높였다. '빠르다'는 의미의 'express'에서 유래한 '에스프레소espresso'라는 이름이 탄생하는 순간이었다.

하지만 베제라는 뛰어난 기술자였을 뿐 사업가는 아니었다. 그의 발명이 가진 잠재력을 알아본 깃은 밀라노의 사입가 데지네리오 파보니Desiderio Pavoni였다. 그는 1905년 베제라의 특허를 사들여 라 파보니La Pavoni사를 설립하고, 이듬해 열린 1906년 밀라노 세계박람회에서 이데알레Ideale라는 이름의 커피 머신을 세상에 선보였다. 박람회에 모인 전 세계의 관람객들은 단 몇 초 만에 진하고 향기로운 커피가 추출되는 모습에 놀라움을 표했다. 이것이 바로 상업적인 에스프레소 머신의 공식적인 데뷔였다.

디자인과 기술의 융합

파보니의 성공 이후, 밀라노는 에스프레소 머신 산업의 중심지가 되었다. 수많은 기술자와 디자이너들이 더 완벽한 머신을 만들기 위한 경쟁에 뛰어들었다.

1947년, 밀라노의 카페 주인이었던 아킬레 가찌아Achille Gaggia는 기존의 증기압 방식의 한계를 넘어 피스톤 레버를 당겨 인위적으로 높은 압력9기압을 가하는 방식을 발명했다. 이 혁신은 커피 오일이 유화되어 만들어지는 황금빛 거품 층, 즉 크레마crema를 탄생시켰다. 크레마는 에스프레소의 향을 보존하고 부드러운 질감을 더해주며, 에스프레소를 시각적으로도 아름다운 음료로 완성했다. 오늘날 우리가 에스프레소의 품질을 판단하는 중요한 기준인 크레마가 바로 밀라노에서 탄생한 것이다.

밀라노가 세계적인 디자인의 중심지라는 사실은 에스프레소 머신의 역사에도 깊이 새겨져 있다. 1961년, 파에마Faema 사는 E61 머신을 출시했다. 이 머신은 지속적인 압력 유지를 위한 열 교환 시스템을 도입해 기술

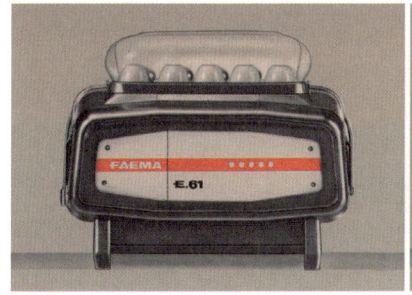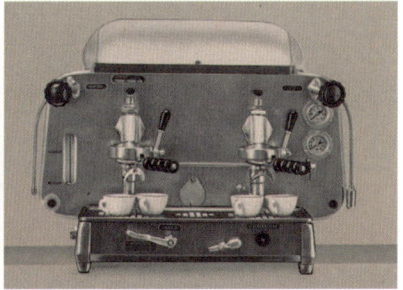

현대 산업 디자인의 걸작으로 평가받는 파에마 E61 에스프레소 머신

표준을 한 단계 끌어올렸을 뿐만 아니라, 유려한 곡선과 스테인리스 스틸 마감으로 현대 산업 디자인의 걸작으로 평가받는다.

이후 라 심발리La Cimbali, 파에마, 빅토리아 아르두이노Victoria Arduino 등의

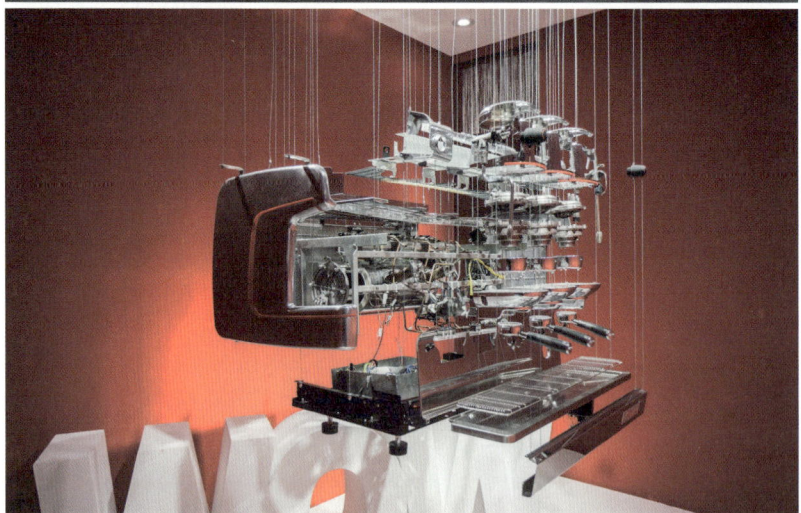

밀라노 외곽에 위치한 커피 머신 박물관, MUMAC

하이엔드 에스프레소 머신 브랜드들은 조르제토 주지아로Giorgetto Giugiaro 같은 밀라노의 세계적인 산업 디자이너들과 협업하거나 밀라노 디자인 위크를 활용하여 다양한 디자인 협업을 하는 등, 밀라노 기반의 커피 머신 기업들은 에스프레소 머신 영역을 단순히 기능적 차원에서 벗어나 카페의 정체성을 드러내는 '디자인 오브제'로 격상시키는 데 기여하였다.

이러한 역사를 한눈에 볼 수 있는 곳이 바로 밀라노 외곽에 위치한 커피 머신 박물관MUMAC이다. 라 심발리 그룹이 설립한 이 박물관에는 1900년대 초의 수직형 머신부터 오늘날의 디지털 머신에 이르기까지, 100년이 넘는 에스프레소 머신의 진화사가 담겨 있다. 이곳은 밀라노가 어떻게 기술과 디자인을 융합하여 세계의 커피 문화를 이끌게 되었는지 보여주는 증거다.

밀라노 커피 문화와 바

밀라노에서 커피 문화의 진수를 경험하려면 화려한 레스토랑이 아닌 동네의 작은 바로 가야 한다. 밀라노의 바는 단순한 카페가 아니라 시민들의 일상에 활력을 불어넣는 사회적 공간이다.

밀라노의 바에서는 대부분의 사람들이 자리에 앉지 않고 바카운터에 서서 커피를 마신다. 이는 코페르토coperto라 불리는 자릿세를 피하기 위한 실용적인 이유도 있지만, 그보다는 '빠르게 에너지를 충전하고 다시 일상으로 복귀한다'는 밀라노의 라이프스타일이 반영된 문화다. 바리스타는 주문과 동시에 능숙하게 에스프레소 머신을 조작하고, 1분 안에 에스프레소 한 잔

을 대리석 카운터에 내려놓는다. 설탕을 넣어 빠르게 저은 뒤, 단 두세 모금
에 잔을 비우는 것이 일반적이다. 이 모든 과정이 5분 안에 끝난다.

밀라노의 유서 깊은 카페들

물론 밀라노에도 베네치아의 플로리안처럼 역사를 자랑하는 화려한 카
페들이 존재한다. 이들은 밀라노의 사회, 문화, 예술의 중심지 역할을 해
왔다.

1824년에 문을 연 파스티체리아 마르케지Pasticceria Marchesi가 대표적이

프라다 그룹이 소유한 파스티체리아 마르케지

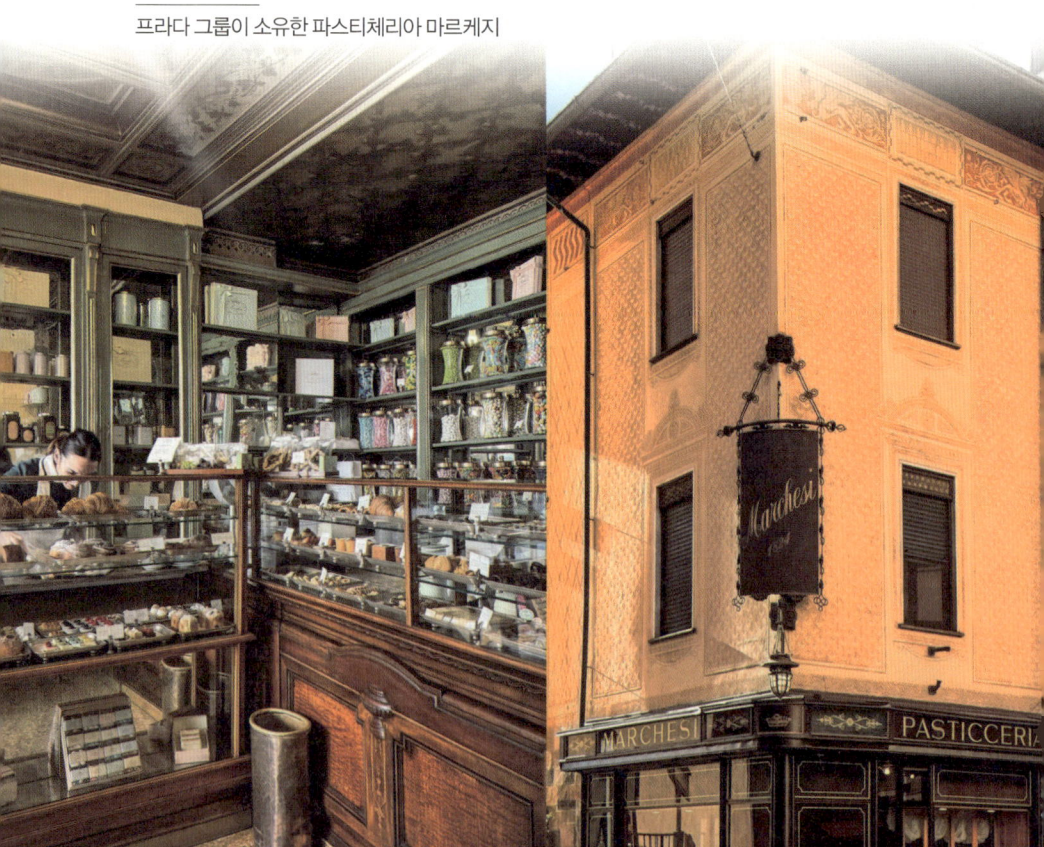

며 밀라노에서 가장 오래된 파티세리 중 하나이다. 2014년 프라다Prada 그룹에 인수된 후에는 전통과 현대적 세련미가 공존하는 공간으로 재탄생했다. 특히 명품 거리인 비아 몬테 나폴레오네 Via Monte Napoleone에 위치한 지점은 쇼핑을 즐기던 이들에게 고급스러운 휴식처를 제공한다. 앤티크한 가구와 실크 벽지, 섬세하게 장식된 디저트 사이에서 마시는 카푸치노 한 잔은 밀라노의 화려한 단면을 경험하게 한다.

한편 두오모 광장 옆 비토리오 에마누엘레 2세 갤러리아 입구에 자리한 캄파리노 인 갤러리아Camparino in Galleria는 1915년부터 밀라노의 저녁을 상징하는 아페리티보Aperitivo, 식전주 문화를 이끌어온 곳이다. 화려한 모자이크와 아르누보 양식의 장식 속에서 갤러리아를 오가는 사람들을 바라보

고풍스러운 아르누보 양식의 캄파리노 인 갤러리아

며 마시는 커피 한 잔은, 마치 극장 관객석에 앉아 있는 듯한 기분을 선사한다.

스타벅스와 밀라노의 자부심

2018년, 이탈리아 최초의 스타벅스 매장이 밀라노에 문을 열었을 때 전세계가 주목했다. 단순한 매장이 아닌, 커피 로스팅과 추출의 모든 과정을 보여주는 거대한 리저브 로스터리Reserve Roastery였다. 에스프레소의 종주국에 상륙한 미국 커피 기업의 도전에 많은 이들이 우려와 기대를 동시에 표했다.

오래된 우체국을 개조해서 만든 밀리노의 스타벅스 리저브 로스터리 모습

하지만 우려는 오래가지 않았다. 스타벅스 리저브 로스터리는 옛 우체국 건물을 개조한 웅장한 공간과 다양한 볼거리로 관광객들의 명소가 되었지만, 밀라노 시민들의 일상은 크게 변하지 않았다. 그들은 여전히 동네 바에서 저렴한 에스프레소를 서서 마신다. 이 현상은 밀라노의 커피 문화가 가진 자신감을 역설적으로 보여준다. 밀라노에게 스타벅스는 경쟁 상대가 아니라, 자신들이 만든 에스프레소 문화가 전 세계로 퍼져나가 어떻게 변주되는지를 보여주는 하나의 사례일 뿐이다.

미래를 추출하는 도시

밀라노는 커피의 역사에 속도와 스타일이라는 두 가지 가치를 새겨 넣었다. 증기 압력으로 커피를 단 몇 초 만에 추출해낸 발명은 현대인의 라이프스타일을 바꾸었고, 세계적인 디자이너의 손길을 거친 에스프레소 머신은 기술을 예술의 경지로 끌어올렸다.

베네치아의 커피가 과거를 향한 추억의 향을 품고 있다면, 밀라노의 커피는 미래를 향한 열정의 맛을 담고 있다. 바쁜 도시의 리듬 속에서 잠시 멈춰 단숨에 들이켜는 에스프레소 한 잔. 그 안에는 지난 100년간 세상을 움직여 온 혁신의 에너지가 응축되어 있다.

Scene # **16** **스위스 취리히**

오차 없는 정밀함, 완벽을 향한 스위스 정신

정밀 기술의 연금술사

세상에는 두 종류의 커피가 있다. 바리스타가 내려주는 커피와 기계가 만들어주는 커피. 우리는 흔히 전자를 예술의 영역으로, 후자를 편의의 영역으로 구분 짓는다. 하지만 취리히Zurich에서 그 경계는 무의미해진다. 이 도시는 기계가 만든 커피는 영혼이 없다는 편견에 맞서, 기계를 통해 커피

호수 너머 알프스가 파노라마처럼 펼쳐진 취리히 전경

를 과학과 예술의 영역으로 끌어올렸기 때문이다.

말하자면 밀라노가 에스프레소를 발명하고, 시애틀이 제3의 공간을 창조했다면 취리히는 세계인의 집과 사무실에 바리스타를 들여놓았다. 그들의 무기는 화려한 라떼 아트나 감성적인 카페 인테리어가 아니었다. 그것은 시계의 태엽을 감고 알프스의 터널을 뚫던 스위스 장인들의 DNA에 각인된 정밀 기술 그 자체였다. 취리히의 이야기는 커피가 어떻게 한 도시의 특화 산업과 만나 새로운 차원의 문화를 창조하는지를 명확히 보여준다.

스위스 패러독스

스위스 하면 떠오르는 이미지가 있다. 눈 덮인 알프스, 비밀스러운 은행 금고, 그리고 정밀하면서도 고급스러운 디자인의 명품 시계. 이곳은 감성보다 이성, 즉흥성보다 정확성이 존중받는 나라다. 이러한 국민성은 커피 문화에도 그대로 투영되었다.

이탈리아에서는 바리스타의 숙련된 기술과 순간적 판단력을 통해 완벽한 에스프레소를 추구하는 장인 문화가 발달했고, 파리에서는 시간과 공간, 그리고 개인의 취향이 조화를 이루는 세련된 카페 문화가 완성되었다. 한편 스위스인들은 이와는 다른 방향의 완성도를 추구했다. 그들의 질문은 이것이었다. "어떻게 하면 집에서, 내가 원할 때, 언제나 똑같은 품질의 커피를 마실 수 있을까?"

그들은 그 해답을 과학과 기계에서 찾았다. 바리스타의 컨디션이나 숙련도에 따라 미묘하게 달라지는 맛이 아니라, 수많은 테스트를 거쳐 최적화된 알고리즘이 버튼 하나로 구현해내는 절대적인 품질. 이것이 스위스인들이 추구하는 가치였다. 그들에게 좋은 커피란 요란한 퍼포먼스가 아니라 조용하고 정확하게 실행되는 과학의 결과물이었다.

이러한 스위스인들에게 혁신을 가속화한 사회적 이슈가 있었다. 1974년, 스위스 요식업 부문에 대한 최초의 전국 단위 단체노동협약이 긴 협상 끝에 체결되었다. 이에 따르면, 레스토랑 업주들은 모든 직원에게 월급을 지급하고, 계산서에 15%의 서비스 요금을 부과해야 했다.

그 전까지 레스토랑에 근무하는 서버들은 고정급으로 수백 스위스 프랑만 받았기 때문에 생계를 팁에 의존해야 했다. 새 법은 요식업 노동자 임금의 균일성을 확보하는 데는 도움이 되었지만 레스토랑 업주들에게 임

요식업 단체노동협약의 도입에 따른 인건비 상승 및 만성적 인력 부족 등은 스위스 커피 머신 제조업의 발달을 견인하는 요인이 되었다.

금 부담을 늘렸다.

여기에 전반적인 외식업 인력 부족까지 겹치면서 운영을 축소해야 하는 상황에 부딪혔다. 이러한 상황에서 훈련된 바리스타에 의존해 여러 사람의 손을 거쳐야만 고객에게 커피를 서빙할 수 있고, 이 마저도 품질의 균일성을 확보할 수 없는 기존의 방식으로는 임금 상승 부담을 감당하기 어려웠다.

취리히에 기반을 둔 스위스 커피 머신 메이커들이 전자동 커피 머신 기술 혁신을 주도하게 된 계기는 바로 이러한 사회적 수요, 즉 커피를 만드는 교육을 받지 않은 직원들도 균일한 품질의 커피를 손쉽게 제공하기 위한 혁신적 시도의 결과였다.

이러한 배경 속에서, 취리히 근교의 작은 마을에서 시작된 한 기업이 세계 커피 시장의 패러다임을 바꾸는 조용한 혁명을 일으킨 주역으로 등장했다.

전자동 커피 머신의 탄생

1931년, 취리히에서 멀지 않은 작은 마을 니더부흐지텐에서 레오 헨치로스가 설립한 유라Jura는 처음에는 다리미 같은 가전제품을 만드는 회사였다. 하지만 1980년대, 유라는 가정용 전자동 에스프레소 머신 시장에 본격 진입하며, 가정 환경에서 버튼 한 번으로 커피를 만드는 전 과정을 구현하는 프리미엄 세그먼트 성장을 주도했다.

유라의 혁신은 '원두에서 컵까지Bean-to-Cup'라는 개념으로 요약된다. 신선한 원두를 갈고, 정확한 압력으로 다지고, 최적의 온도와 압력으로 추출하는 바리스타의 모든 과정을 기계 안에 완벽하게 구현해낸 것이다. 이것은 단순한 기능의 집합이 아니었다. 유라의 엔지니어들은 시계 부품을 조립하듯 커피 머신을 설계했다. 원두를 갈기 직전 소량의 물로 적셔 향을 극대화하는 '아로마 사전 추출 시스템', 물을 짧은 간격으로 분사해 에스프레소의 모든 맛을 남김없이 뽑아내는 '펄스 추출 프로세스', 그리고 내구성 강한 원뿔 모양의 강철 날 코니컬 버을 사용하여 마모는 적고 품질은 균일하게 원두를 갈아내는 그라인더에 이르기까지. 이 모든 기술은 오직 한 가지 목표, 언제나 변함없는 완벽한 한 잔을 위한 것이었다.

더 이상 좋은 커피는 전문가의 영역이 아니었다. 복잡한 기술이나 지식 없이도 누구나 자신의 집에서 최상급의 커피를 즐길 수 있게 된 것이다. 유라의 전자동 머신은 프리미엄 전자동 커피 머신의 대중화에 중요한 역할을 하였다.

유라 커피박물관에 전시된 전자동 커피 머신

커피 장비의 실리콘밸리

취리히 일대에는 세계적인 커피 장비 제조업체들이 밀집한, 마치 커피 장비의 실리콘밸리와 같은 클러스터Cluster, 포도송이럼 특정 산업과 관련된 기업, 대학, 연구소 등이 한 지역에 촘촘하게 모여 정보를 공유하고 경쟁하며 더 큰 시너지를 내는 산업 집적지를 형성하고 있다. 현재 전 세계적으로 판매되는 전자동 커피 머신의 약 70%가 스위스에서 생산된 것이며, 그 대부분이 취리히와 그 주변지역에 집중되어 있는 것으로 알려져 있다.

스타벅스의 하워드 슐츠가 제3의 공간을 구현하기 위해 가장 먼저 찾은 파트너도 바로 스위스 기업이었다. 1999년부터 스타벅스 매장에서 사용하는 마스트레나Mastrena 에스프레소 머신을 독점 공급하는 써모플랜Thermoplan은 취리히에서 자동차로 45분 거리에 있다. 전 세계 수만 개

써모플랜 사의 공장에서 스타벅스 전용 커피 머신 마스트레나가 생산되는 모습

스타벅스 매장에서 동일한 품질의 커피를 빠르고 안정적으로 제공할 수 있는 비결은, 바로 이 스위스산 기계 덕분이다.

또 다른 강자 쉐러Schaerer 역시 1892년부터 정밀기기를 만들어 온 기술력을 바탕으로 세계적인 상업용 커피 머신 브랜드로 자리 잡았다. 이들 기업의 공통점은 명확하다. 숙련된 엔지니어 인력, 연구개발R&D에 대한 아낌없는 투자, 그리고 고장에 대한 결벽증에 가까운 품질 관리. 이 보이지 않는 산업 생태계가 있기에, 전 세계의 카페와 레스토랑, 호텔, 사무실이 안정적으로 커피를 공급받을 수 있는 것이다.

기계와 인간의 공존

가정과 사무실에서 버튼 하나로 수준급의 커피를 마실 수 있게 되자, 사람들은 카페에 편리함 이상의 경험 가치를 기대하기 시작했다.

취리히에서 가장 오래된 베이커리 카페, 카페 쇼베르

취리히의 유서 깊은 카페 스프륑글리 Café Sprüngli나 카페 쇼베르 Café Schober 같은 곳은 화려한 인테리어와 수제 초콜릿, 케이크를 커피와 함께 즐기는 종합적인 미식 경험을 제공한다. 이곳에서 커피는 사교와 여유, 그리고 전통을 체험하는 매개체다.

한편, 마메MAME와 같은 현대적인 스페셜티 카페의 등장은 또 다른 흐름을 보여준다. 두 명의 스위스 바리스타 챔피언이 설립한 이곳의 이름은 일본어로 콩豆을 의미하며, 오직 커피의 본질에만 집중하겠다는 철학을 담고 있다. 이곳에서는 바리스타가 직접 원두의 산지와 특징을 설명하고, 손님의 취향에 맞춰 한 잔 한 잔 정성스럽게 커피를 내린다.

이 두 흐름은 서로 대립하지 않는다. 오히려 최고 수준의 전자동 머신이 좋은 커피의 기준을 상향 평준화시켰기에, 스페셜티 카페들은 그보다 더 특별한 경험, 즉 인간만이 줄 수 있는 섬세한 손길과 깊이 있는 교감에 집중하게 된 것이다. 기계가 일상의 커피를 책임지고, 카페는 그 일상을 뛰

현대적이고 세련된 분위기로 취리히의 커피 애호가들이 즐겨 찾는 MAME 카페

어넘는 영감의 공간이 되는 것. 이것이 취리히가 찾은 기계와 인간의 아름다운 공존 방식이다.

엔지니어의 보이지 않는 손

취리히가 세계 커피 문화에 기여한 바는 눈에 잘 띄지 않는다. 그것은 베네치아의 유서 깊은 카페처럼 관광객을 압도하지도 않고, 시애틀의 녹색 사이렌스타벅스처럼 도시의 상징이 되지도 않는다. 취리히가 기여한 것은 훨씬 더 조용하고 근본적이다. 취리히의 커피 머신 산업은 전 세계 수많은 사람들의 일상적 커피 소비 패턴에 영향을 미쳤다. 집에서, 사무실에서, 심지어 공항 라운지에서도 버튼 하나로 고품질의 커피를 즐길 수 있게 되었기 때문이다.

취리히에서 우리가 마시는 한 잔의 커피에는 알프스 빙하수처럼 차가운 이성과 스위스 시계처럼 정교하게 계산된 과학이 담겨 있다. 이 엔지니어의 보이지 않는 손이야말로 커피를 21세기의 가장 보편적이고 안정적인 문화 상품으로 완성시킨 숨은 주역일 것이다.

제**5**장

커피,
미래를 경작하다

우리가 사랑하는 커피, 그 미래는 어떤 모습일까요? 그 답은 화려한 소비지가 아닌, 묵묵히 커피를 키워내는 '산지'에서 찾을 수 있습니다. 상처를 딛고 희망을 일구고, 공동체의 내일을 그리며, 전통과 혁신 사이에서 새로운 길을 모색합니다. 이번 장에서는 다시 커피의 고향으로 돌아가, 지속가능한 미래를 위해 분투하는 사람들의 치열한 삶의 현장을 들여다봅니다.

Scene # **17** **에티오피아 아디스아바바**

이름을 얻는 커피, 이름을 잃는 커피

아디스아바바, 커피의 가치가 완성되는 곳

에티오피아. 한때 아프리카의 낯선 나라였던 이 이름은, 커피가 우리의 일상에 깊숙이 들어오면서 친숙하게 다가왔다. 에티오피아는 지금 우리가 즐겨 마시는 아라비카 커피가 처음 태어난, 명실상부한 커피의 고향으로 불린다. 붉은 열매를 먹고 활기차게 뛰어노는 염소들을 발견한 목동 칼디의 유명한 전설이 바로 이곳에서 탄생했기 때문이다. 더 나아가 오늘날

고원 위에 자리한 커피 원산지국 에티오피아의 수도, 아디스아바바

에는, 꽃처럼 화사한 향기와 상큼한 산미로 전 세계 커피 애호가들의 입맛을 사로잡은 예가체프Yirgacheffe 커피의 생산지로도 잘 알려져 있다.

하지만 안개 낀 고원의 숲에서 시작된 이 전설적인 커피가 우리의 잔에 닿기까지의 여정은, 칼디의 설화가 태어난 카파Kaffa에서 약 450km 떨어진 수도 아디스아바바Addis Ababa에 와서야 비로소 완성된다.

에티오피아는 아프리카 최대의 커피 생산국이자 세계 5위의 아라비카 커피 수출국으로, 커피는 국가 전체 수출 수익의 30~35%를 차지하는 핵심 산업이다. 전체 인구의 약 1/4이 커피 가치사슬에 생계를 의존하고 있을 만큼, 커피는 에티오피아의 경제와 삶 그 자체라고 할 수 있다. 그리고 이 모든 가치가 집약되고 완성되는 중심이 바로 수도 아디스아바바다.

커피 산지에서 정성껏 씻고 말린 커피체리들은 최종 선별과 브랜딩을 위해 수도 아디스아바바로 모인다. 이곳에서 전문가들의 맛 감별을 거치며, 등급을 획득하게 된다. 다시 말해, 수도는 단순한 농산물이던 커피가 세계 시장에서 통하는 이름과 가치를 지닌 상품으로 거듭나는 곳이자 전 세계 소비지로 향하는 출발점이다.

메르카토 시장, 커피 유통의 교차로

커피 유통의 여정은 산지의 농가와 가공소에서 이미 시작된다. 아프리카 최대의 야외 시장인 메르카토 시장은 산지에서 시작된 긴 흐름이 도시의 상업 논리와 만나는 거대한 교차로에 가깝다. 이곳은 동이 트기 전부터 원자재와 상품, 사람이 뒤섞여 역동적인 풍경을 만들어낸다.

  이곳은 여러 얼굴을 가진 복합적인 공간이다. 에티오피아 전체 커피 생산량 중 약 40%는 내수 시장에서 소비되는데, 메르카토는 바로 이 거대한 내수 유통의 핵심 허브 역할을 한다. 커피는 에티오피아 문화에 깊이 뿌리내린 중요한 소비 품목이며, 최근 도시 전역으로 확산하는 수많은 길거리 커피 판매점들이 이곳을 통해 원두를 공급받는다. 이처럼 내수용 생두가 대량 거래될 뿐만 아니라, 커피 자루나 포장재 같은 부자재가 유통되는 물류 허브이자, 수출용 샘플이 각지의 커핑 랩으로 흩어지기 전 잠시 머무는 중간 기착지 역할까지, 메르카토는 에티오피아 커피 유통의 보이지 않는 동맥이다.

  산지에서 올라온 거대한 자루들이 트럭에서 내려지면, 수출업체 직원

에티오피아 커피 도소매 거점, 메르카토 시장

들은 익숙하게 자루에 손을 찔러 넣어 한 줌의 생두를 꺼내 든다. 결점두를 골라내고, 휴대용 수분 측정기의 날카로운 침을 꽂아 숫자를 확인한다. 업계 표준에 따르면 생두의 수분 함량은 10~12% 사이로 관리되어야 하는데, 12%를 넘으면 운송·보관 중 곰팡이가 발생할 위험이 커지고, 9.5% 아래로 과도하게 건조되면 생두가 부서지기 쉽고 향미가 빠르게 사라질 수 있기 때문이다. 이 작은 순간들이 몇 주 뒤, 바다 건너편 로스터의 커핑 테이블에서 매겨질 가격 프리미엄의 가능성을 좌우한다. 오후가 되면 잘 마른 파우치에 담긴 300g 내외의 샘플들이 오토바이와 낡은 택시에 실려 도시 전역의 커핑 랩으로 흩어진다.

에티오피아 상품거래소, 표준화의 혁명과 정체성의 딜레마

19세기 말 메넬리크 2세 황제가 이곳에 수도를 정한 이래, 커피는 20세기 동안 에티오피아의 가장 중요한 외화 획득 수단의 하나로 자리매김했다. 하일레 셀라시에 황제 시대에는 수출 품질을 표준화하고, 항구가 없는 내륙 국가의 한계를 극복하기 위해 지부티 항구로의 접근성을 개선하는 데 국가적 노력이 집중되었다.

그러나 1974년 군사 쿠데타로 사회주의 정권 데르그Derg가 들어서면서 상황은 급변했다. 커피 유통 구조는 국가의 강력한 통제와 허가제 아래 놓였다. 1991년 데르그 정권이 무너지고 시장 자유화가 시작되자 수많은 민간 수출업체와 중개상들이 생겨나며 경쟁이 촉진되었지만, 새로운 문제가 발생했다. 정보는 불투명했고, 대금 결제는 불안했으며, 많은 농민들은 여전히 제값을 받기 어려웠다. 이 오랜 혼돈과 불신의 공백을 메우기 위해 2008년 탄생한 것이 에티오피아 상품거래소ECX이다.

ECX는 실시간 가격을 보여주는 거대한 전광판, 안전한 결제 보증 시스템, 명확한 샘플링과 등급주로 G1~G8 범위 체계를 도입하며 거래 투명성을 높이는 데 기여했다. ECX의 가격 정보가 전파되면서 농부들의 가격 기준점 접근성이 이전보다 개선되었다.

하지만 국가 주도의 강력한 표준화는 예상치 못한 딜레마를 낳았다. 세계 최고급 커피로 꼽히는 예가체프 지역의 한 마을 콩가Konga 세척장에서 생산된 특별한 커피가 다른 지역 커피와 뒤섞여 그저 시다마 ASidama A라는 포괄적인 이름으로 팔려나가는 일이 벌어진 것이다. 스페셜티 커피 시

커피 거래의 투명성을 높이기 위해 설립한 에티오피아 상품 거래소(ECX)

장은 특정 마을, 특정 가공 방식이 만들어내는 고유한 테루아가 사라진다
며 강하게 비판했다.

결국 에티오피아 정부는 2017년 또다시 시스템을 수정한다. 인증받은
세척장이나 농장이 ECX를 거치지 않고 구매자에게 직접 커피를 판매할
수 있는 직거래 통로를 열어준 것이다. 이로써 아디스아바바는 ECX를 통
한 대량의 표준화된 거래와 개별 계약을 통한 소량의 특화된 거래라는 두
개의 거래 시스템을 가진 도시가 되었다.

무엇이 예가체프를 특별하게 만드는가?

두 개의 거래 시스템으로 나누어진 이유를 가장 잘 보여주는 사례가 바
로 예가체프다. 예가체프는 마치 향수를 탄 듯한 풍부한 과일향과 상쾌한
산미를 가지고 있어 많이 커피 애호가들이 가장 좋아하는 원두의 하나이
다. 하지만 이 전설적인 이름이 처음부터 존재했던 것은 아니다. 예가체프
는 오래전부터 지역 명칭으로 존재했지만, 국제 스페셜티 시장에서 독자
적인 브랜드로 주목받기 시작한 것은 20세기 후반의 일이다.

1970년대, 이 지역에 현대적인 세척장들이 들어서면서 전문가들은 다
른 시다모Sidamo; 행정구역 명칭 변화로 Sidama가 공식화되었지만 여전히 '시다모'를 관행적으로
표기함 커피와는 완전히 구별되는 독특한 향미 프로필을 체계적으로 인지
하기 시작했다.

해발 1,700m 이상의 고지대, 붉은 갈색의 비옥한 토양, 그리고 농부
들이 집 마당의 텃밭처럼 다른 작물과 함께 커피나무를 키우는 가든 커

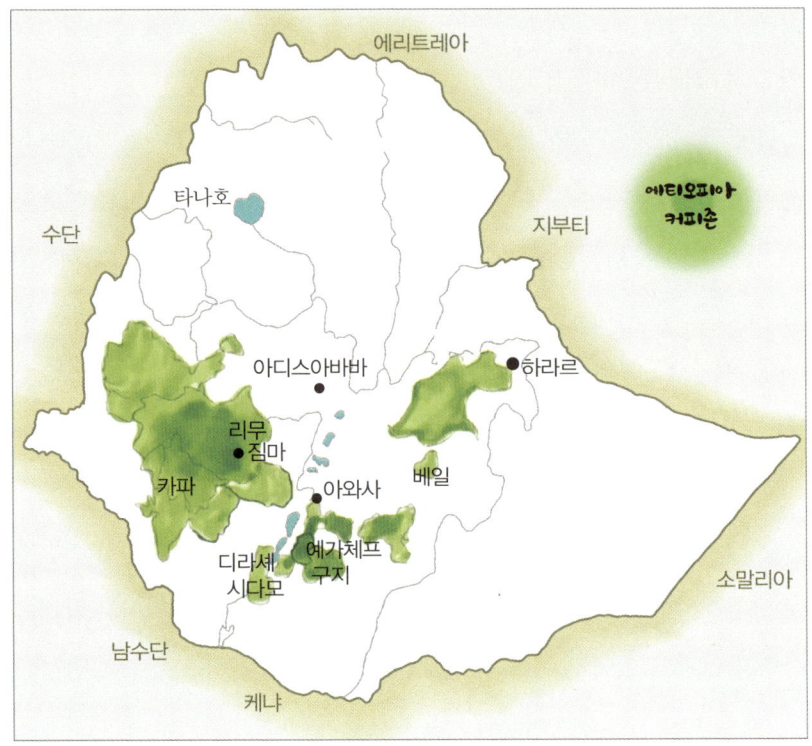

에티오피아의 커피 산지는 주로 남서부와 남동부의 고지대에 집중되어 있다. 주요 산지로는 시다모 (Sidamo), 예가체프(Yirgacheffe), 구지(Gugi), 짐마(Djimma), 리무(Limmu), 카파(Kaffa), 하라르(Harar) 등이 있으며, 각 지역은 고유한 향미와 품질로 세계적인 명성을 얻고 있다.

피garden coffee 재배 방식이 이 특별함의 기반이었다.

특히, 커피체리의 과육을 물로 깨끗하게 씻어내고 건조하는 워시드 가공 방식은 예가체프 특유의 섬세하고 깔끔한 향미를 국제적으로 알리는 데 결정적인 역할을 했다.

이 발견을 계기로 예가체프는 시다모 지역 내에서 독립적인 상업적 정체성을 얻게 되었고, 2000년대 중반 에티오피아 정부의 지리적 표시 및 상표권 확보 전략에서 핵심 브랜드가 되었다. ECX의 초기 시스템이 위협했던 것은 바로 이렇게 어렵게 쌓아 올린 이름의 가치였고, 스페셜티 커피 시장이 그토록 지키고 싶었던 것도 바로 이 전설적인 향미 프로필이었다.

커핑 랩: 품질과 가격을 결정하는 과정

수출업체의 커핑 랩은 커피의 품질과 가격을 결정하는 중요한 공간이다. 오전 9시가 되면, 분쇄된 수십 개의 샘플에서 발생하는 마른 향fragrance을 먼저 평가한다. 이후 뜨거운 물을 붓고 4분을 기다린 뒤, 표면의 커피 층을 깨뜨리며 올라오는 젖은 향aroma을 확인한다.

곧이어 슬러핑slurping을 통해 커피를 강하게 빨아들여 맛을 분석한다.

아디스아바바의 한 커핑 랩에서 향미를 평가하고 등급을 매기는 모습

이 과정은 커피를 혀 전체에 고르게 퍼뜨려 산미, 단맛, 질감, 후미 등의 요소를 객관적으로 평가하기 위함이다. 평가는 'Clean Cup 잡미 없는 깔끔함', 'Uniformity 맛의 균일성' 등 정해진 항목에 따라 점수로 매겨지며, 여기서 발생하는 0.25점의 차이가 컨테이너 단위의 가격을 좌우한다.

예를 들어, 90점에 가까운 높은 점수를 받은 커피는 '하이엔드 스페셜티' 또는 '대회 등급 competition-grade'으로 분류된다. 이 명칭 자체가 품질을 보증하는 이야기가 되어, 해외 바이어에게 더 높은 가격으로 특별 제안되는 근거가 된다.

분나에서 스페셜티까지, 에티오피아 커피의 세 가지 풍경

에티오피아의 커피 문화의 근간에는 분나 buna라는 이름의 깊고 따뜻한 의식이 자리한다. 이는 단순히 커피 한 잔을 마시는 행위를 넘어, 손님을

에티오피아의 대표적인 커피 문화인 분나

향한 환대와 이웃과의 교류가 깃든 소중한 사교의 시간이다. 주인이 직접 숯불에 생두를 볶고 절구에 빻아 제베나jebena라는 전통 주전자에 끓여내는 과정은 그 자체로 하나의 예술과 같다.

작은 잔 시니sini에 세 번에 걸쳐 따라주는 커피는 저마다 다른 의미를 품고 있다. 첫 잔 아볼abol은 강렬하게 정신을 깨우고, 두 번째 잔 토나tona는 한결 부드러워지며, 마지막 잔 바라카baraka는 서로에게 축복을 건네는 것으로 마무리된다. 이 느리고 정성 가득한 시간 속에서 사람 사이의 관계는 더욱 단단해진다.

이러한 전통적인 의식과 함께, 아디스아바바의 구도심 피아자 주변에는 또 다른 상징적인 커피 경험이 존재한다. 바로 1953년에 문을 연 가장 오래된 카페, 토모카 커피Tomoca Coffee이다. 이탈리아의 에스프레소 문화에서 영향을 받은 토모카는 현지인과 여행객들로 늘 붐비는 곳이다. 사람들

에티오피아에서 가장 오래된 카페, 토모카 커피 매장

은 의자 하나 없이 선 채로, 진한 커피 향이 가득한 공간에서 빠르게 마키아토 한 잔을 들이켜는 풍경은 분나 의식과는 정반대의 속도감으로 도시의 활기를 대변한다.

 이 유서 깊은 카페가 도시의 역사를 대변한다면, 신도심 볼레Bole를 중심으로 완전히 새로운 풍경이 펼쳐진다. 그 중심에 있는 모이 커피Moyee Coffee가 내세우는 혁신은 페어 체인Fair Chain 모델에 있다. 이는 생두를 헐값에 수출하던 기존 방식을 넘어, 로스팅과 포장 등 부가가치가 높은 핵심 공정을 에티오피아 현지에서 직접 수행하여 수익의 더 많은 부분이 생산국에 돌아가도록 보장해야 한다는 것이다. 그렇다면, 페어 체인 커피를 마시는 것은 커피 생산지의 지속 가능한 미래에 투자하고 불공정한 무역 구조를 바꾸는 데 동참하는 의미 있는 행동이 될 것이다.

 이처럼 오늘날 아디스아바바에서는 관계의 미학을 담은 전통 의식 분

페어 체인 커피 운동을 주도하는 모이 커피의 매장과 상품

나, 구도심의 역사를 상징하는 토모카 커피, 그리고 신도심의 혁신을 이끄는 스페셜티 커피라는 세 개의 시간이 공존한다. 과거와 현재, 전통과 혁신이 한 잔의 커피를 두고 교차하는 다층위적 풍경이야말로 커피의 고향 에티오피아가 지닌 특별한 매력이다.

커피의 고향을 여행한다는 것은

아디스아바바에서 마시는 한 잔의 커피에는 여러 겹의 시간과 풍경이 담겨 있다. 그 안에는 숯불 위에서 이웃과 정을 나누는 분나 의식의 느린 온기가 흐른다. 동시에 이탈리아식 에스프레소 바에서 서서 마시며 빠르게 활력을 충전하는 도시적 에너지가 있고, 부가가치를 생산국에 되돌리려는 공정한 무역을 향한 희망이 깃들어 있다.

이러한 다층적인 풍경을 가진 문화적 깊이는 커피의 가치가 결정되는 치열한 시스템 위에서 더욱 빛을 발한다. 전국 각지에서 온 생두가 상품거래소의 표준화된 등급을 부여받거나, 예가체프처럼 고유의 정체성을 지키기 위해 직거래 통로로 나아가는 과정은 이 도시가 어떻게 과거의 유산을 지키고 미래와 타협하는지를 증명한다.

커피의 고향을 여행한다는 것은 염소를 이끈 목동의 전설을 확인하는 여정에만 그치지 않을 것이다. 그것은 우리 손에 들린 한 잔의 커피가 어떤 치열한 삶의 현장을 거치고 있는지를 생생하게 목격하는 일일 것이다.

Scene # 18 페루 쿠스코

안데스의 희망, 공동체의 미래를 경작하다

안데스 고원의 유산, 커피로 다시 태어나다

해발 3,400m, 세계의 배꼽이라 불리던 잉카 제국의 심장 쿠스코Cusco. 스페인 정복자들이 잉카의 석조 기술 위에 바로크 양식의 성당을 세운 이 고대 도시는, 마추픽추Machu Picchu로 향하는 수많은 여행자들이 들리는 관문 역할을 한다. 하지만 대부분의 여행자들은 자신이 마시는 모닝커피 한 잔이 아마존 열대우림이 시작되는 가파른 비탈에서 자란다는 사실을 알지 못한다.

안데스 산맥 커피의 관문, 해발고도 3,400m 쿠스코 전경

쿠스코는 단순히 잉카 유적지로 향하는 베이스캠프가 아니다. 이곳은 수천 년의 농업 유산과 안데스의 독특한 생태 환경이 만나, 세계에서 가장 섬세하고 복합적인 향미를 지닌 커피를 탄생시키는, 살아 있는 테루아의 박물관이다.

잉카 후예들의 손에서 자라고 있는 이 커피는 거대한 플랜테이션이 아닌 울창한 토착림 아래서 자란다. 바나나, 오렌지, 파카에pacay 나무 그늘 아래서 천천히 익어가는 커피 체리는 안데스의 생태계 그 자체다.

쿠스코의 커피 여정은 바로 이 숲에서부터 시작된다. 그 가치는 쿠스코 시내의 전문 커핑 랩에서 숫자로 증명되고, 산블라스San Blas 언덕의 작은 카페에서 마침내 한 잔의 예술로 완성된다.

커피의 심장부를 향한 여정

쿠스코 시내에서 커피를 찾아보기는 쉽지 않다. 산페드로 시장San Pedro Market의 좌판에서 현지인들이 마시는 값싼 인스턴트커피나 볶은 보리가 대부분이다. 진짜 쿠스코 커피를 만나기 위해서는, 도시를 벗어나 안데스 산맥의 구불구불한 길을 따라 깊은 계곡으로 내려가는 여정을 감수해야 한다.

쿠스코 커피 산지는 라콘벤시온La Convención과 야나틸레Yanatile 같은 계곡 지대에 있다. 쿠스코에서 차로 4~5시간, 아찔한 절벽과 만년설이 보이는 고개를 넘어 아마존 정글의 초입으로 향하다 보면 풍경은 극적으로 변한다. 건조한 고원의 공기는 습하고 따뜻해지고, 키 작은 풀 대신 거대

페루의 커피 산지는 안데스 산맥과 아마존 분지 사이의 고지대에 주로 분포한다. 페루 커피는 밸런스가 뛰어나고 부드러운 바디감을 지녀, 스페셜티 커피 시장에서 점차 주목받고 있다. 쿠스코 인근 고지대는 페루 커피의 대표 산지로, 꽃향과 밝은 과일향이 특징인 스페셜티 커피를 생산한다.

한 양치식물과 열대 과일나무들이 나타나기 시작한다. 이곳이 바로 해발 1,200~2,200m에 이르는, 페루에서 가장 유명한 커피 산지 중 하나다.

이곳의 농부들은 대부분 1~3헥타르약 3,000~9,000평 남짓한 작은 농지를 경작하는 잉카의 후예들이다. 그들은 커피나무를 단일 작물로 심지 않는다.

대신 차크라Chacra라 불리는 전통적인 혼농임업 방식Agroforestry, 나무와 농작물을 함께 기르는 친환경 농법으로 농사를 짓는다. 커피나무 위로는 거대한 토착 나무들이 그늘을 만들어주고, 그 사이사이에는 가족들이 먹을 바나나, 유카, 옥수수 같은 작물들이 함께 자란다.

이는 단순히 그늘을 만들어 커피 체리가 천천히 농익게 하는 것을 넘어, 토양의 침식을 막고, 다양한 동식물이 살아가는 생물다양성의 보고를 형성하며, 농부에게는 커피 외의 추가 소득을 보장하는 지속가능한 시스템이다.

화학 비료나 농약 대신, 숲의 부엽토가 자연의 거름이 되고 새들이 해충을 잡아먹는다. 페루가 세계 최대 유기농 커피 생산국 중 하나가 될 수 있었던 비결이 바로 이 전통 농법에 있다.

안데스 고원지대의 페루 커피 산지

함께의 가치, 협동조합

1980~1990년대, 페루는 극좌파 무장 단체 '빛나는 길Sendero Luminoso'의 테러 활동으로 깊은 혼란에 빠졌다. 커피 농부들은 생산물을 내다 팔 길도, 정당한 가격을 받을 방법도 없이 고립되었다. 많은 농부들이 생계를 위해 커피 농사를 포기하고 불법적인 코카coca 재배로 내몰리기도 했다. 이 어두운 시기를 극복하고 쿠스코 커피가 다시 일어설 수 있었던 중심에는 바로 협동조합cooperativa이 있다.

흩어져 있던 소규모 농부들은 함께 뭉쳐 협동조합을 결성했다. 조합은 조합원들이 수확한 커피 체리를 공동으로 수매하고, 최신식 가공 설비를 통해 품질을 균일하게 관리하며, 국제 유기농 및 공정무역 인증을 획득하는 창구 역할을 했다. 무엇보다, 중간 상인을 거치지 않고 해외 바이어와 직접 거래할 수 있는 길을 열어주었다. 이를 통해 농부들은 이전보다 훨씬

마추픽추의 경사면에 위치한 우아드키냐 협동조합의 커피 생산자들

높은 가격을 안정적으로 보장받게 되었고, 수익금은 다시 품질 개선과 지역 사회 인프라_{학교, 도로 등}에 재투자되었다.

쿠스코 외곽에 위치한 협동조합의 가공 시설_{beneficio}은 이 지역 커피 산업의 심장부다. 수백 명의 농부들이 수확한 커피 체리를 트럭에 싣고 오면, 품질 관리 담당자가 샘플의 당도와 결점두 비율을 꼼꼼히 확인한다. 이후 커피는 거대한 수조에서 이물질과 덜 익은 체리가 걸러지고, 과육 제거기_{pulper}를 거쳐 발효조로 옮겨진다. 약 12~24시간의 발효를 거친 커피는 깨끗한 안데스 계곡물로 세척된 후, 아프리칸 베드나 파티오에서 10~15일간 천천히 건조된다. 이 모든 과정은 커피의 섬세한 향미를 보존하고, 쿠스코 커피 특유의 깨끗하고 밝은 산미를 만들어내는 핵심 공정이다.

쿠스코의 카페들, 유산과 향미가 만나는 곳

계곡의 협동조합에서 가공과 건조, 1차 선별을 마친 커피는 자루에 담겨 다시 쿠스코 시내로 돌아온다. 이곳의 전문 수출업체나 스페셜티 커피 브랜드들은 자체 커핑 랩에서 최종 품질을 평가하고 등급을 매긴다. 숙련된 커퍼_{cupper}들은 수십 개의 샘플을 나란히 놓고 향을 맡고 맛을 보며 각 커피가 지닌 고유의 특성, 즉 자스민 같은 꽃향기, 오렌지나 복숭아 같은 과일의 산미, 꿀처럼 달콤한 후미를 찾아내 점수를 매긴다. 85점 이상을 받은 최상급 커피들은 '마이크로랏_{Micro Lot, 커피 농장 내 특정 구획을 별도로 관리해 생산된 소량의 고급 생두로, 주로 스페셜티 키피로 분류된다}'이라는 이름으로 전 세계 고급 로스터리 카페에 팔려나간다.

산 블라스 골목 안쪽에 위치한 쿠스코의 대표적인 제3 물결 카페, 쓰리 몽키스

　이렇게 세심하게 선별된 커피의 일부는 다시 쿠스코 도심의 카페로 돌아와 여행자들과 만난다. 예술가들의 동네로 유명한 산 블라스 언덕 주변으로 최근 몇 년 사이 수준 높은 스페셜티 커피 전문점들이 속속 문을 열고 있다. 이 카페들은 단순히 커피를 파는 곳이 아니다. 자신들이 사용하는 원두가 어느 계곡 어떤 농부의 차크라에서 왔는지, 어떤 품종티피카, 버번, 카투라이며 어떤 방식으로 가공되었는지를 손님들에게 적극적으로 설명하며 커피 전도사 역할을 한다.

　여행자들은 이곳에서 잉카의 석벽을 창문 너머로 바라보며, 자신이 방금 지나온 그 땅이 키워낸 커피 한 잔을 맛보는 특별한 경험을 하게 된다. 한 잔의 커피에는 안데스의 높은 고도와 강렬한 태양, 밤의 서늘한 공기가 빚어낸 생생한 산미와, 수천 년간 이어져 온 농업 유산, 그리고 공동체의 힘으로 어려움을 극복해낸 농부들의 이야기가 고스란히 담겨 있다. 쿠스코에서 커피를 마시는 것은 그 땅의 현재와 미래를 미각으로 체험하는 가장 내밀한 방식의 여행이 된다.

미래를 향한 도전, 기후 변화와 세대교체

쿠스코 커피의 미래는 밝기만 한 것은 아니다. 기후 변화는 안데스 고원에도 예외 없이 찾아왔다. 평균 기온이 상승하면서 커피 재배 고도대가 점차 더 높은 곳으로 이동하고 있으며, 과거에는 없던 커피녹병 같은 질병이 확산하며 농부들을 위협하고 있다. 또한, 관광업이나 도시의 다른 일자리에 비해 힘든 커피 농사를 젊은 세대가 기피하는 현상도 심각한 문제다.

하지만 쿠스코의 농부들은 잉카의 후예 답게 자연에 순응하며 해법을 찾고 있다. 그들은 전통적인 혼농임업 시스템이 기후 변화의 충격을 완화하는 완충재 역할을 한다는 사실을 경험으로 알고 있다. 또한, 협동조합을 중심으로 기후 변화에 강한 새로운 품종을 시험하고, 더 정교한 가공 기술을 도입하며 품질 경쟁력을 높이기 위한 노력을 멈추지 않는다. 한 잔에 수만 원을 호가하는 파나마 게이샤처럼 화려하지는 않지만, 쿠스코의 커피는 유산과 생태, 공동체의 가치를 지키며 묵묵히 자신의 길을 가고 있다.

쿠스코를 여행할 기회가 생긴다면, 마추픽추로 향하는 발걸음을 잠시 멈추고 산 블라스의 작은 카페를 찾아보자. 그곳에서 당신이 마시는 한 잔의 커피는 안데스의 과거와 현재, 그리고 미래를 잇는 가장 향기로운 유산일 것이다.

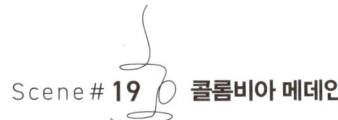

Scene # 19 　콜롬비아 메데인

상처의 땅에서 커피로 피어난 혁신과 재생의 미래

상처를 딛고 피어난 커피의 혁신

연중 온화한 기후와 활짝 핀 꽃들로 가득한 도시, 메데인 Medellín. 그러나 이 도시는 한때 지구상에서 가장 위험한 도시라는 오명을 썼다. 1980~1990년대, 마약 카르텔의 수장 파블로 에스코바르 Pablo Escobar의 이름은 도시 전체를 뒤덮은 공포의 대상이었다. 총성과 폭력이 일상이었던 메데인의 이야기는, 그러나 절망으로 끝나지 않았다. 잿더미 속에서 피어

콜롬비아 최대 커피 산지 안티오키아주의 주도인 메데인

난 불사조처럼, 메데인은 혁신적인 공공 프로젝트와 시민들의 열망을 동력 삼아 세계에서 가장 혁신적인 도시 중 하나로 거듭났다.

이 놀라운 부활의 서사 중심에 커피가 있다. 콜롬비아는 브라질, 베트남에 이어 세계 3위의 커피 생산국이자, 부드러운 산미와 균형 잡힌 맛을 지닌 마일드 아라비카 커피의 대명사다.

메데인은 콜롬비아 최대 커피 산지인 안티오키아Antioquia주의 주도로서, 수십만 커피 농가의 삶이 시작되고 완성되는 경제적, 문화적 중심지다. 주변 산지에서 수확된 커피는 메데인으로 모여 가치를 평가받고, 전 세계로 뻗어나갈 정체성을 부여받는다. 어두운 과거를 뒤로하고 메데인은 이제 커피를 통해 사회를 통합하고 미래를 설계하는 혁신의 아이콘이 되었다.

메데인 외곽의 커피 농장, 페르가미노

카리브해
시에라
네바다
파나마
카우카강
베네수엘라
안티오키아
부카라망가
메데인
칼다스
산탄데르
리사랄다
마니살레스
메타강
태평양
퀸디오
보고타
칼리
구아비에르강
톨리마
카우카
우일라
나리뇨
아파포리스강
에콰도르
카케타강
브라질
콜롬비아
커피존
페루

콜롬비아의 커피벨트는 안데스 산맥을 따라 형성된 고지대에 위치하며, 안티오키아(Antioquia), 칼다스(Caldas), 퀸디오(Quindío), 리사랄다(Risaralda), 톨리마(Tolima), 우일라(Huila) 등 주요 지역에서 세계적으로 유명한 고품질 아라비카 커피가 생산된다.

후안 발데즈, 커피로 국가를 브랜딩하다

콜롬비아 커피를 이야기할 때, 콜롬비아 커피 생산자 연맹Federación Nacional de Cafeteros de Colombia, 이하 FNC을 빼놓을 수 없다. 1927년 설립된 FNC는 단순한 이익 단체를 넘어, 콜롬비아 커피 산업의 모든 것을 관장하는 거대한 조직이다. FNC는 전국 54만 커피 농가를 대표하며, 이들이 생산한 커피를 안정적인 가격에 구매해주는 안전망 역할을 한다. 국제 커피 가격이 폭락해도 농부들이 최소한의 생계를 유지할 수 있도록 보장하는 것이다.

메데인 시내와 근교 곳곳에 자리한 FNC 산하의 협동조합 구매 창고는 콜롬비아 커피 시스템이 작동하는 가장 생생한 현장이다. 새벽부터 농부들은 지프나 노새에 커피 파치먼트 자루를 싣고 창고에 도착하면 직원이 자루에 긴 탐침을 찔러 넣어 샘플을 채취하고, 수분 함량과 결점두 비율, 크기 스크린 사이즈 등을 꼼꼼하게 측정한다.

이 객관적인 품질 평가 기준에 따라 등급과 가격이 결정된다. 이는 농부들에게 더 좋은 품질의 커피를 생산할 동기를 부여하고, 콜롬비아 커피가 세계 시장에서 '믿을 수 있는 품질'이라는 명성을 유지하는 근간이 된다.

FNC의 가장 성공적인 프로젝트는 단연 후안 발데즈 Juan Valdez라는 가상의 인물을 내세운 마케팅 캠페인이다. 1959년, FNC는 콜롬비아 커피의 우수성을 알리기 위해 콧수염을 기른 인자한 농부 후안 발데즈가 그의 노

콜롬비아 커피의 상징적 브랜드가 된 후안 발데즈

새 콘치타Conchita와 함께 커피를 수확하는 이미지를 만들었다. 이 캠페인은 '100% 콜롬비아 커피'라는 품질 보증의 상징이 되어 전 세계 소비자들에게 깊이 각인되었다.

후안 발데즈는 단순한 광고 모델이 아니었다. 그는 험준한 산악 지형에서 손으로 직접 커피 체리를 하나하나 따는 콜롬비아 농부들의 땀과 정성을 상징하는 아이콘이었다. 덕분에 소비자들은 기꺼이 콜롬비아 커피에 더 높은 가격을 지불했고, 그 프리미엄은 고스란히 농부들에게 돌아갔다.

FNC는 이 브랜드를 활용해 전 세계에 '후안 발데즈 카페'라는 자체 커피 전문점을 열었다. 메데인의 번화가 엘 포블라도El Poblado의 세련된 쇼핑몰에서부터 공항 라운지까지, 후안 발데즈 카페는 콜롬비아 사람들에게는 국민적 자부심의 상징이자, 여행자들에게는 가장 먼저 콜롬비아 커피를 맛보는 관문 역할을 한다.

메데인 시내 곳곳에 있는 후안 발데즈 카페

엘 포블라도, 스페셜티 커피의 새로운 물결

엘 포블라도와 라우렐레스Laureles 지역에는 메데인의 혁신과 다양성을 상징하는 카페들이 골목 곳곳에 숨어 있다. 과거에는 최고급 커피는 모두 수출되고 정작 콜롬비아 내에서는 저품질의 커피만 소비된다는 자조 섞인 말이 있었다. 하지만 최근 몇 년 사이, 해외에서 커피를 공부하고 돌아온 젊은 바리스타와 로스터들이 직접 작은 농장과 계약을 맺고, 그들만의 방식으로 원두를 해석하는 스페셜티 커피 문화가 폭발적으로 성장하고 있다.

이 카페들은 더 이상 '100% 콜롬비아 커피'라는 뭉뚱그린 이름으로 커피를 팔지 않는다. 대신 "어느 산지의 무슨 농장에서 어떤 품종으로 재배하여 어떤 맛을 내기 위해 어떠한 방식으로 가공한 커피"와 같이 구체적인 정보를 제공한다. 손님들은 바리스타와 이야기를 나누며 마치 와인을 고르듯 자신의 취향에 맞는 커피를 추천받고, 핸드드립, 사이폰, 에어로프레스 등 다양한 추출 방식으로 섬세하게 내려진 커피를 맛본다.

이는 커피의 가치사슬이 완성되는 방식이 변하고 있음을 보여준다. 농부들은 더 이상 협동조합에 익명으로 커피를 납품하는 데 그치지 않고, 자신의 이름과 철학을 내건 브랜드가 되어 도시의 소비자들과 직접 만난다. 메데인의 스페셜티 카페 씬은 커피가 단순한 농산물이 아니라 한 사람의 장인정신과 땅의 이야기가 담긴 문화 콘텐츠가 될 수 있음을 증명하는 실험 무대다.

메데인 라 시에라 지역의 30개 이상의 생산자와 협력하여 100% 로컬 생산 원두를 취급하는 스페셜티 카페, 리투알레스 콤파냐 데 카페(Rituales Compañía de Café)

상처 입은 도시의 희망, 커피 투어

메데인 혁신의 또 다른 단면은 도시 빈민가에서 찾아볼 수 있다. 한때 마약 조직의 거점이었던 코무나 13Comuna 13 지역은, 가파른 언덕을 오르내리는 옥외 에스컬레이터와 화려한 그라피티, 그리고 활기찬 주민들의 노력으로 지금은 도시 재생의 상징이자 가장 인기 있는 관광 명소가 되었다. 그리고 이곳에서도 커피는 희망의 씨앗이 되고 있다. 지역 청년들이 운영하는 작은 카페들은 관광객들에게 커피를 판매하며 경제적으로 자립하고, 자신들의 재능을 바탕으로 커피 관련 창업을 꿈꾼다.

더 나아가, 메데인 시내의 여행사들은 도시 근교의 커피 농장을 직접 방문하는 커피 투어 프로그램을 운영한다. 여행자들은 농부와 함께 직접 커피 체리를 따고, 전통적인 방식으로 껍질을 벗기고 말리는 과정을 체험하며, 자신이 수확한 커피를 마셔보는 특별한 경험을 한다.

이는 농부들에게는 추가적인 소득원이 되고, 여행자들에게는 자신이 마시는 커피 한 잔에 담긴 노동의 가치를 직접 깨닫는 교육의 장이 된다. 과거 폭력으로 고립되었던 농촌과 도시가, 커피라는 매개를 통해 서로 연결되고 상생하는 새로운 길을 열어가고 있는 것이다.

한때 마약 조직의 거점에서 지금은 메데인의 가장 인기있는 관광 명소가 된 코무나13 지역

메데인 근교 핀카 마리포사 농장의 커피 투어

혁신과 희망이 담긴 커피의 도시

메데인의 이야기는 커피가 한 도시와 국가의 운명을 어떻게 바꿀 수 있는 지를 보여주는 가장 극적인 사례라 할 수 있다. 어두운 상처를 외면하지 않고, 그 위에서 제도의 혁신과 공동체의 노력, 그리고 새로운 세대의 감각으로 더 나은 미래를 만들어가는 도시. 메데인에서 마시는 커피 한 잔에는 국가적 브랜드를 만들어나가는 도시 커피 장인들의 열정과 희망이 녹아 있다.

Scene# **20**　　**베트남 달랏**

식민지의 유산, 커피 강국의 미래를 싹 틔우다

고원의 실험실, 커피의 미래를 디자인하다

　베트남은 우리에게 매우 친숙한 나라 중 하나다. 매년 수백만 명의 관광객이 그곳을 찾고, 쌀국수와 분짜 같은 음식은 우리 식탁에도 자연스럽게 오른다. 하지만 이 나라가 브라질에 이어 세계 2위의 커피 생산 대국이라는 사실을 아는 사람은 의외로 많지 않다. 물론, 진한 커피에 달콤한 연유를 섞은 카페 쓰어다Cà Phê Sữa Đá의 강렬한 맛은 베트남을 상징하는 아이콘으로 우리에게도 잘 알려져 있다.

———
베트남 속의 작은 파리로 불리는 달랏의 전경

하지만 베트남 커피의 주류를 이루는 로부스타와는 다른, 특별한 아라비카 커피가 생산되고 주목받기 시작한 곳이 있다. 바로 천송이 꽃의 도시라 불리는 고원 도시, 달랏Da Lat이다.

해발고도 1,500m 고원에 자리한 달랏은 연중 서늘한 기후와 소나무 숲, 끝없이 펼쳐진 화훼용 온실 덕분에 베트남 사람들에게 가장 사랑받는 휴양지다. 프랑스 식민지 시절, 더운 저지대를 피하려던 프랑스인들이 개발한 이 도시는 지금도 유럽풍의 빌라와 뾰족한 성당 지붕이 남아있어 '작은 파리'라는 별명으로 불린다.

이 독특한 기후와 토양은 베트남의 다른 지역에서는 불가능했던 새로운 가능성을 열었다. 바로 세계적 수준의 아라비카 커피 재배와 가공 방식의 혁신을 창조적 노력이다. 달랏은 더 이상 과거의 유산에 머무는 휴양지가 아닌, 베트남 커피의 고정관념을 깨기 위한 혁신의 실험실로 거듭나고 있다.

로부스타의 땅에서 아라비카를 꿈꾸다

베트남 커피의 역사는 19세기 프랑스 선교사들에 의해 시작되었다. 프랑스인들은 주로 저지대 지역에 커피나무를 심었다. 그것은 저지대의 고온 다습한 기후 조건이 섬세한 아라비카보다 병충해에 강하고 생산성이 높은 로부스타 재배에 더 적합했기 때문이다. 베트남 전쟁 이후, 정부 주도 아래 커피는 국가의 핵심 수출 작물로 성장했고, 베트남은 세계 로부스타 시장의 절대 강자로 자리매김했다.

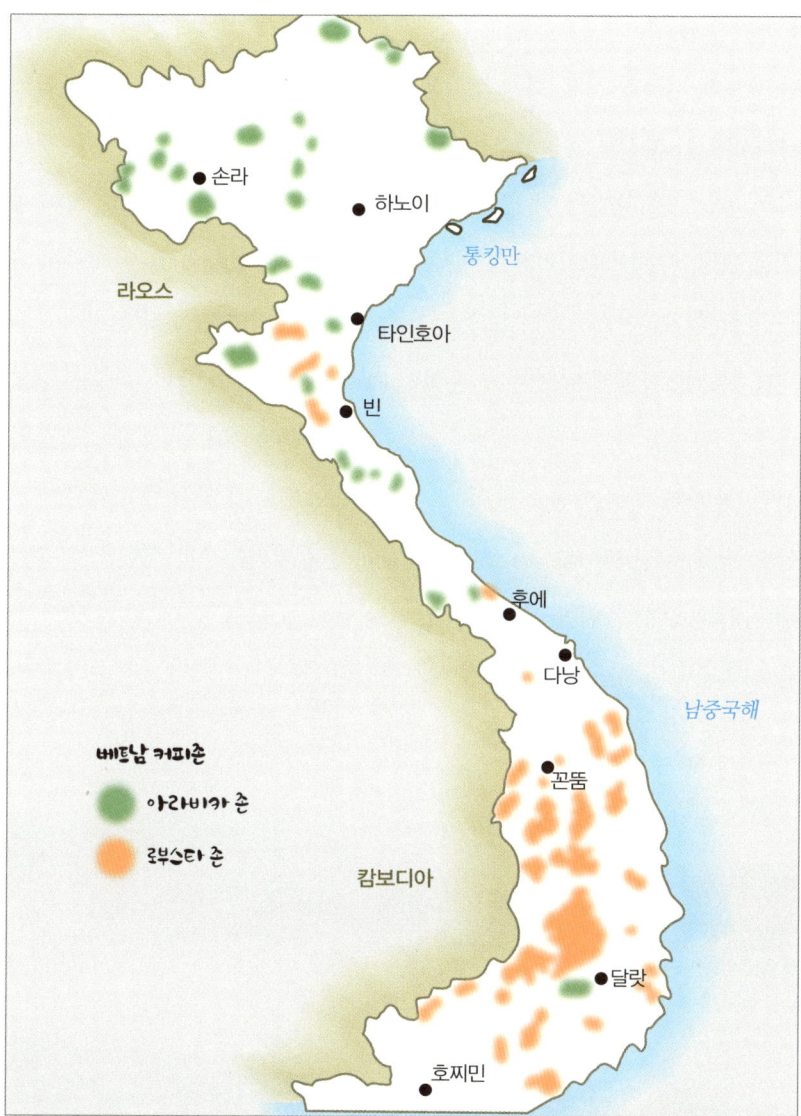

베트남은 북부 고산지대에서 아라비카, 중남부의 저지대에서 로부스타를 주로 생산한다. 전체 커피 생산량의 약 94~95%가 로부스타이고, 아라비카는 5% 미만이다. 달랏은 남부지방임에도 고지대라는 지리적 특성을 이용해 아라비카가 재배된다.

하지만 달랏이 속한 럼동Lam Dong 성의 고원 지대는 예외였다. 이곳의 높은 고도와 서늘한 기후, 화산 토양은 섬세한 아라비카 품종이 자랄 수 있는 거의 유일한 환경을 제공했다. 초기에 심어진 카티모르Catimor 품종은 생산성은 높았지만 향미의 한계가 명확했다. 진정한 변화는 2000년대 이후 새로운 세대의 농부와 기업가들이 등장하면서 시작되었다. 그들은 어떻게 하면 달랏의 테루아를 극적으로 표현할 수 있을지 고민하기 시작했다.

그 해답은 가공에 있었다. 전통적인 워시드나 내추럴 방식을 넘어, 발효 과정을 정밀하게 통제하여 전에 없던 향미를 만들어내는 실험이 시작된 것이다. 커피 체리를 산소가 없는 스테인리스 탱크에 넣어 발효시키는 무산소 발효anerobic fermentation, 발효 과정에서 발생하는 이산화탄소를 주입해 와인과 같은 풍미를 유도하는 탄산 침용carbonic maceration 같은 낯선 기술들이 달랏의 농장으로 빠르게 퍼져나갔다.

아라비카 품종을 재배하는 달랏 근교의 꺼우닷 커피 농장

농장 안의 연구실, 향미를 설계하다

달랏의 혁신적인 커피 농장은 마치 과학 연구소를 방불케 한다. 농부들은 더 이상 날씨에만 의존하지 않는다. 그들은 수확한 커피 체리의 당도를 측정해 가장 잘 익은 것들만 선별하고, 스테인리스 발효 탱크의 온도와 압력, pH 농도를 실시간으로 기록하며 모든 변수를 통제한다. 어떤 농장은 특정 향미를 강화하기 위해 발효 과정에 패션프루트나 계피 같은 재료를 함께 넣는 대담한 실험을 하기도 한다.

잘 통제된 발효를 거친 달랏의 아라비카 커피에서는 딸기, 럼, 열대과일, 와인, 심지어 요거트 같은 복합적인 향미가 피어난다.

물론 이런 실험이 항상 성공하는 것은 아니다. 과도한 발효는 식초처럼 시큼하거나 불쾌한 향을 낳기도 한다. 그래서 달랏의 선구적인 농부들은 매일 수십 개의 작은 샘플을 로스팅하고 맛을 보며 커핑, 자신만의 발효 레시피를 데이터로 축적해 나간다. 실패의 위험을 감수하는 이들의 도전 덕분에, 베트남 커피는 마침내 싸구려라는 꼬리표를 떼고, 한 잔에 수만 원을 호가하는 고급 스페셜티 시장의 문을 두드릴 수 있게 되었다.

생산자들 간의 협력을 통한 달랏 커피의 혁신 노력

라 비엣 커피, 도시와 농장을 잇는 복합 문화 공간

달랏의 커피 혁명은 농장에만 머물지 않는다. 도시 외곽에 자리한 라 비엣La Viet 커피는 달랏의 새로운 커피 문화를 상징하는 대표적인 공간이다. 거대한 공장을 개조한 이 카페는 로스팅 공장, 교육장, 그리고 커피 박물관의 역할을 겸하는 복합 문화 공간이다. 방문객들은 거대한 로스팅 기계가 돌아가는 것을 직접 보고, 다양한 품종과 가공 방식에 대한 설명을 들으며, 바로 그 자리에서 갓 볶은 신선한 커피를 맛볼 수 있다.

라 비엣은 농장과 도시, 생산자와 소비자를 잇는 다리 역할을 한다. 이들은 자체 농장을 운영할 뿐만 아니라, 주변 지역의 소규모 농가들과 계약

공장을 개조하여 복합 문화 공간을 지향하는 라 비엣 커피

을 맺고 기술을 지도하며 고품질의 커피를 안정적으로 구매한다. 이를 통해 농부들은 더 높은 소득을 올리고, 카페는 독창적인 스토리를 지닌 원두를 확보할 수 있다.

라 비엣을 비롯해 달랏 시내에는 개성 넘치는 스페셜티 카페들이 빠르게 늘어나고 있다. 낡은 빌라를 개조한 카페, 온실 속 정원 같은 카페, 자전거를 테마로 한 카페 등 저마다의 철학을 담은 공간들이 여행자들을 맞이한다. 이 카페들은 달랏을 방문하는 여행자들에게 베트남 커피의 놀라운 변신을 직접 체험하게 하는 커피의 성지聖地'다. 여행자들은 이곳에서 연유를 넣은 '카페 쓰어다' 대신 섬세한 향의 핸드드립 커피를 마시며 베트남의 새로운 얼굴과 마주하게 된다.

새로운 정체성을 향한 도전

물론 달랏의 도전이 장밋빛 미래만을 약속하는 것은 아니다. 실험적인 가공법은 아직 품질의 일관성을 확보해야 하는 과제를 안고 있으며, 스페셜티 커피라는 이름 아래 무분별한 향미 첨가 논란이 벌어지기도 한다. 또한, 전 세계 시장에 깊이 뿌리박힌 '베트남 = 저가 로부스타'라는 인식을 바꾸기 위해서는 더 많은 시간과 노력이 필요하다.

하지만 달랏의 농부와 바리스타들은 멈추지 않는다. 그들은 오늘도 고원의 연구실에서 새로운 향미를 설계하고, 도시의 카페에서 그 결과를 끊임없이 테스트한다. 달랏은 베트남이라는 국가의 커피 정체성이 어떻게 진화할 수 있는지를 보여주는 혁신의 실험실로 거듭나고 있다.

참고자료

제1장 한 잔의 커피가 오기까지

[01 커피벨트, 모든 맛의 시작]
1. Hoffmann, J. (2018). *The World Atlas of Coffee: From Beans to Brewing -- Coffees Explored, Explained and Enjoyed*. Firefly Books.
2. Pendergrast, M. (2019). *Uncommon Grounds: The History of Coffee and How It Transformed Our World*. Basic Books.
3. Wintgens, J. N. (ed.). (2004). *Coffee: Growing, Processing, Sustainable Production: A Guide Book for Growers, Processors, Traders, and Researchers*, Wiley-VCH.

[02 가공과 로스팅: 커피의 개성을 결정하는 시간]
1. Wintgens, J. N. (ed.). (2004). *Coffee: Growing, Processing, Sustainable Production: A Guide Book for Growers, Processors, Traders, and Researchers*, Wiley-VCH.
2. Hoffmann, J. (2018). *The World Atlas of Coffee: From Beans to Brewing -- Coffees Explored, Explained and Enjoyed*. Firefly Books.

[03 추출: 커피에 생명을 불어넣는 순간]
1. Hoffmann, J. (2018). *The World Atlas of Coffee: From Beans to Brewing -- Coffees Explored, Explained and Enjoyed*. Firefly Books.
2. Easto, J. & Willhoff, A. (2017). *Craft Coffee: A Manual: Brewing a Better Cup at Home*, Agate Surrey.

[04 추출 방식: 핸드드립에서 에스프레소까지]
1. Hoffmann, J. (2018). *The World Atlas of Coffee: From Beans to Brewing -- Coffees Explored, Explained and Enjoyed*. Firefly Books.
2. Easto, J. & Willhoff, A. (2017). *Craft Coffee: A Manual: Brewing a Better Cup at Home*, Agate Surrey.
3. The 4 M's of Coffee (espresso). (https://www.meticulist.net/blog/2016/9/28/the-

4-ms-of-coffee-espresso)

제2장 세계의 관문, 커피 향으로 물들이다

[05 이탈리아 베네치아: 유럽 최초의 커피, 물의 도시를 깨우다]

1. The coffee in Venice – Its secular history. (https://ebotteghe.it/en/the-coffee-in-venice-its-secular-history/)

2. Trieste and Coffee – History of Coffee in Trieste. (https://www.triestecoffeecluster.it/en/trieste-and-coffee/history-of-coffee-in-trieste/)

3. Coffee trade in Venice: how an exotic drink was commercialized in Europe. (https://www.seevenice.it/en/coffee-trade-in-venice-how-an-exotic-drink-was-commercialized-in-europe/)

4. *History of Coffee*. (https://www.ncausa.org/about-coffee/history-of-coffee)

5. The Caffeinated History of Coffee. (https://www.smithsonianmag.com/arts-culture/the-caffeinated-history-of-coffee-142421/)

6. Venetians' passion for coffee. (https://www.venecisima.com/post/venetians-passion-for-coffee)

7. Coffee and Venice: a 400-year-long story. (https://www.visitvenezia.eu/en/venetianity/tales-of-venice/coffee-and-venice-a-400-year-long-story)

8. García, H. A. (2021). Italian Coffee: Retelling the Story. *FIU Law Review*, 14, 443.

9. Caffè Florian History. (https://caffeflorian.com/en/florian-venezia/history/)

10. Port of Trieste – History. (https://www.porto.trieste.it/en/porto/storia)

11. Venezia Unica. (https://www.veneziaunica.it/en/content/facts-and-figures)

12. Antica Torrefazione Artigianale Veneziana Girani. (https://www.artigiani-ve.it/etc/nizioleti/it/treks/legno-colori-e-sapori/antica-torrefazione-artigianale-veneziana-girani/)

13. Peluso, M. (2024). Regional Variations in Italian Coffee Culture: Historical Influences and Contemporary Preferences for Robusta-Arabica Blends. *Proceedings*, 109(1), 9.

14. Torrefazione Cannaregio (https://torrefazionecannaregio.it/la-vita-in-bottega/)

[06 이탈리아 트리에스테: 과학과 시스템, 커피를 산업으로 만들다]

1. Carabelli, G. (2019). Habsburg coffeehouses in the shadow of the empire: Revisiting nostalgia in Trieste. *History and Anthropology*, 30(4), 382–392.

2. Port of Trieste – History / Statistics. (https://www.porto.trieste.it/en/porto/storia)

3. Assicurazioni Generali – Company History. (https://www.generali.com/who-we-are/history)

4. Österreichischer Lloyd. (https://en.wikipedia.org/wiki/%C3%96sterreichischer_Lloyd)

5. Italy's Unexpected Coffee Capital. (https://fernwayer.com/journal/trieste-coffee)

6. Trieste, The City of Coffee. (https://www.discover-trieste.it/discover/the-city-of-coffee)

7. illycaffè History. (https://www.illy.gr/en/illycaffe-history/)

8. Università del Caffè illy: history and evolution of the Trieste school of coffee. (https://www.gamberorossointernational.com/news/universita-del-caffe-illy-history-and-evolution-of-the-trieste-school-of-coffee/)

9. Ceramella, N. (2024). World coffee culture: Coffee houses and cafés littéraires. *Folia Linguistica et Litteraria, December.*

10. Peluso, M. (2024). Regional Variations in Italian Coffee Culture: Historical Influences and Contemporary Preferences for Robusta-Arabica Blends. *Proceedings*, 109(1), 9.

11. How to Order Coffee like a Local in Trieste. (https://intrieste.com/2021/08/23/how-to-order-coffee-like-a-local-in-trieste/)

12. Italy's surprising capital of coffee. (https://www.bbc.com/travel/article/20220119-trieste-italys-surprising-capital-of-coffee)

13. An espresso-fueled tour of Trieste, Italy's longstanding coffee capital. (https://www.nationalgeographic.com/travel/article/europes-coffee-capital-espresso-tour-of-trieste-italy)

14. Getting Caffeinated in Trieste's Historic Cafes. (https://thewanderlore.com/historic-cafes-of-trieste/)

15. Italy's Coffee Capital: A Journey Through Time in Trieste's Coffee Houses. (https://viaggiomagazine.com/italys-coffee-capital-a-journey-through-time-in-triestes-coffee-houses/)

[07 독일 함부르크: 무역과 기술, 커피의 표준을 세우다]

1. Speicherstadt. (https://hamburgtouring.com/speicherstadt)

2. Speicherstadt - UNESCO (https://www.hamburg.com/visitors/sights/architecture/speicherstadt-19324

3. The Speicherstadt in Hamburg: All you need to know. (https://germanywithamy.com/speicherstadt/)

4. Speicherstadt: A Bustling Trading Center. (https://mikestravelguide.com/hamburg-speicherstadt-walking-tour-with-coffee-tasting/)

5. Hamburg and its coffee history. (https://www.hamburg-travel.com/blog/hamburgs-coffee-history/)

6. An der Hamburger Kaffeebörse. https://www.mein-altes.hamburg/wahre-hamburger-geschichten-aus-dem-bl%C3%A4tterwald/an-der-hamburger-kaffeeb%C3%B6rse/

7. PROBAT: Milestones of a success story. (https://www.probat.com/company/history/)

8. Casting the Drum: The Foundations of the Roasting Behemoth Probat. (https://dailycoffeenews.com/2015/08/10/casting-the-drum-the-foundations-of-the-roasting-behemoth-probat/)

9. Comandante: Our story. (https://comandantegrinder.com/pages/about?srsltid=AfmBOoqvjhPx8Q5YochwURdkyVffxLegAFrhChucLXkMQXM_FAwTWCuM)

10. Elbgold. (https://www.elbgoldshop.com/)

11. Coffee Museum Burg. (https://www.hamburg-travel.com/see-explore/culture-music/museums-galleries)

12. The Burg Coffee Museum: A Historical Journey Through Coffee Culture in Hamburg. (https://qahwaworld.com/coffee-society/the-burg-coffee-museum-a-historical-journey-through-coffee-culture-in-hamburg/)

13. Hamburg: A visit to the Coffee Museum. (https://mitziemee.com/hamburg-coffee-museum-das-kaffee-museum-burg/?srsltid=AfmBOopXRDE_2AxLfW0qckMr67DnVl19RC2UM-DFCJdmo2MAf6E0hBkO)

[08 미국 시애틀: 녹색 사이렌의 신화, 일상을 디자인하다]

1. Carabelli, G. (2019). Habsburg coffeehouses in the shadow of the empire: Revisiting nostalgia in Trieste. *History and Anthropology*, 30(4), 382–392.

2. Port of Trieste – History / Statistics. (https://www.porto.trieste.it/en/porto/storia)

3. How the Pacific Northwest became a coffee paradise. (https://pdx.eater.com/22436234/history-coffee-pacific-northwest-portland-seattle)

4. The History of Coffee in Seattle. (https://www.historylink.org/File/22750)

5. Bodkin, M. A. (2023). *Grounds for a "Third Place": "The Starbucks Experience," Sirens, and Space.* University of Western Ontario.

6. Broadway, M. J., Legg, R. & Bertossi, T. (2020). North American independent coffeehouse culture: A comparison of Seattle with Vancouver. *GeoJournal, 85,* 1645–1662.

7. Coffee, Fish and History of Pike Place Market. (https://www.realclearhistory.com/2020/08/17/coffee_fish_and_history_of_pike_place_market_574243.html)

8. Lyons, J. (2005). "Think Seattle, act globally": Specialty coffee, commodity biographies and the promotion of place. *Cultural Studies, 19*(1), 14–34.

9. Schultz, H. & Yang, D. J. (1997). *Pour Your Heart into It: How Starbucks Built a Company One Cup at a Time.* Hyperion.

10. Oldenburg, R. (1989). The Great Good Place. Paragon House.

11. Port of Seattle (https://www.portseattle.org/)

12. Thompson, C. J. et al. (2004). The Starbucks brandscape and consumers' (anticorporate) experiences of glocalization. *Journal of Consumer Research, 31*(3), 631–642.

13. Starbucks 2023 Annual Report. (https://investor.starbucks.com/)

14. Victrola Coffee Roasters (https://en.wikipedia.org/wiki/Victrola_Coffee_Roasters)

15. Espresso Vivace (https://en.wikipedia.org/wiki/Espresso_Vivace)

16. Schomer, D. (2004). *Espresso Coffee: Updated Professional Techniques.* Classic Day Publishing.

제3장 제3의 공간, 도시의 영혼을 만나다

[09 영국 옥스퍼드: 1페니 대학, 지성과 토론의 해방구]

1. Cowan, B. (2008). *The Social Life of Coffee: The Emergence of the British Coffeehouse.* New Haven: Yale University Press.

2. Ellis, M. (2011). *The Coffee-House: A Cultural History*. Orion.

3. Oxford's Oldest Coffee Houses. (https://www.lovebritishhistory.co.uk/2022/01/oxfords-oldest-coffee-houses.html)

4. How Jewish immigrants in 17th century Oxford established the first coffee houses in England. (https://www.patrickcomerford.com/2024/03/how-jewish-immigrants-in-17th-century.html)

5. ENGLAND'S FIRST COFFEE HOUSE IN 17th CENTURY & JEWISH TRADITION. (https://www.oxfordchabad.org/templates/blog/post.asp?aid=708481&PostID=122138&p=1)

6. Pincus, S. (1995). "Coffee politicians does create": Coffeehouses and restoration political culture. *Journal of Modern History*, 67(4), 807–834.

7. Dawson, W. R. (1934). The London Coffee-Houses and the Beginnings of Lloyd's. *Journal of the British Archaeological Association*, 40(1), 104–134.

8. "Penny Universities": How British coffeehouses changed the intellectual world. (https://bigthink.com/the-past/penny-universities-coffeehouse/)

9. Best charming cafes to study and work in Oxford. (https://oxfordvisit.com/articles/best-charming-cafes-to-study-and-work-in-oxford/)

10. The real Oxford landmark: G&D's. (https://www.oxfordstudent.com/2016/05/15/real-oxford-landmark-g-ds/)

[10 미국 샌프란시스코: 혁신가의 도시, 커피 경험을 새로 설계하다]

1. Trish Rothgeb coined 'third wave' — and is now looking toward coffee's future. (https://web.archive.org/web/20210129182526/https://www.latimes.com/food/story/2019-10-04/third-wave-coffee-trish-rothgeb)

2. Third-wave coffee. (https://en.wikipedia.org/wiki/Third-wave_coffee)

3. *Peet's Coffee*, Our Coffee Revolution. (https://www.peets.com/pages/timeline)

4. Freeman, J., Freeman, C. & Duggan, T. (2012). *The Blue Bottle Craft of Coffee: Growing, Roasting, and Drinking, with Recipes*, Berkeley, CA: Ten Speed Press.

5. Deloitte, 2024, *Deloitte Coffee Study 2024*, Deloitte.

6. Ritual Coffee Roasters. (https://ritualcoffee.com/learn/)

7. Four Barrel Coffee. (https://en.wikipedia.org/wiki/Four_Barrel_Coffee)

8. Garcia, G., et al. (2024). Third wave/specialty coffee movement: a truly cultural experience, *International Tourism Congress*, 23, 12-22.

[11 튀르키예 이스탄불: 제즈베와 스페셜티가 공존하는 도시]

1. Hattox, R. S. (1985). *Coffee and Coffeehouses: The Origins of a Social Beverage in the Medieval Near East.* University of Washington Press.

2. Pendergrast, M. (2019). *Uncommon Grounds: The History of Coffee and How It Transformed Our World.* Basic Books.

3. Özkoçak, S. A. (2007). Coffeehouses: Rethinking the public and private in early modern Istanbul. *Journal of Urban History.* 33(6), 965-986.

4. Faroqhi, S. (2005). *Subjects of the Sultan: Culture and Daily Life in the Ottoman Empire.* I.B. Tauris.

5. Coffee House Bans: Rulers' Fears and the Resilience of Coffee Houses Throughout History (https://classico-setouchi-coffee.com/en/8007-2/)

6. Yilmaz, B. et al. (2017). Turkish cultural heritage: A cup of coffee, *Journal of Ethnic Foods*, 4(4), 213-220.

7. BBC - Tasseography: The Turkish tradition that's 'as big as Tinder' (https://www.bbc.com/travel/article/20240312-tasseography-the-turkish-tradition-thats-as-big-as-tinder)

8. How Istanbul's ancient coffee culture is holding its own in the modern world. (https://www.nationalgeographic.com/travel/article/istanbuls-ancient-coffee-culture-holding-own-modern-world)

9. UNESCO - Turkish coffee culture and tradition. (https://ich.unesco.org/en/RL/turkish-coffee-culture-and-tradition-00645) 10. Specialty coffee guide with 35 best cafes in Istanbul. (https://europeancoffeetrip.com/istanbul/)

10. World Cezve/Ibrik Championship. (https://wcc.coffee/cezve-ibrik-championship)

11. ÇORLULU ALİ PAŞA KÜLLİYESİ. (https://islamansiklopedisi.org.tr/corlulu-ali-pasa-kulliyesi)

12.Petra Roasting Co. Istanbul - Best third wave coffee in town. (https://www.spottedbylocals.com/istanbul/petra-roasting-co/)

[12 호주 멜버른: 플랫 화이트에 담긴 자부심, 커피의 기준을 세우다]

1. O'Brien, T. M. (2024). Italian migration and café culture in Melbourne: race, assimilation, and cultural valorisation, *LSE Journal of Geography & Environment*, 2(1), 1-7.

2. How coffee fuels social change in Melbourne. (https://www.melbourne.vic.gov.au/news-and-media/Pages/How-coffee-fuels-social-change-in-Melbourne.aspx)

3. Pellegrini's Espresso Bar. (https://en.wikipedia.org/wiki/Pellegrini%27s_Espresso_Bar#:~:text=Established%20in%201954%20by%20brothers,city)

4. Honouring the story of Melbourne's famous Pellegrini's Espresso Bar. (https://www.sbs.com.au/news/podcast-episode/honouring-the-story-of-melbournes-famous-pellegrinis-espresso-bar/mskab2dv1)

5. Two New World Coffee Champions Crowned In Melbourne. (https://sprudge.com/two-new-world-coffee-champions-crowned-in-melbourne-192878.html)

6. World Barista Championship, (https://en.wikipedia.org/wiki/World_Barista_Championship)

7. What is a flat white & where did it come from?. (https://perfectdailygrind.com/2022/06/what-is-a-flat-white/)

8. Flat white: origin, preparation & expert tips. (https://www.nachtmann.com/en/blog/education/flat-white-origin)

9. Seven Seeds. (https://sevenseeds.com.au/?srsltid=AfmBOorR08DGmKAHvcZ83iETR_-VvlMCCmDV4foD0ujGIt_72I9yYUEi)

10. First Look: Welcome to Suburbia, Seven Seeds' New Bakery-Cafe. (https://www.broadsheet.com.au/melbourne/food-and-drink/article/first-look-welcome-to-suburbia-seven-seeds-new-bakery-cafe)

11. Market Lane Coffee - Our Story. (https://marketlane.com.au/pages/our-story)

12. Market Lane Coffee. (https://marketlane.com.au/pages/transparency)

13. Morris, J. (2019). *Coffee: A Global History*. Reaktion Books.

14. Hoffmann, J. (2018). *The World Atlas of Coffee: From Beans to Brewing*. Firefly Books.

제4장 장인의 손길과 기술, 커피의 품격을 완성하다

[13 영국 스토크온트렌트: 도자기의 도시, 커피의 품격을 빚다]

1. Burton, W. (1902). *A History and Description of English Porcelain*. London: Cassell.
2. Godden, G. (1982). *Staffordshire Porcelain*. Granada.

3. McKendrick, N. (1960). Josiah Wedgwood: An Eighteenth-Century Entrepreneur in Salesmanship and Marketing Techniques. *The Economic History Review*, 12(3), 408–433.

4. Reilly, R. (1995). *Wedgwood: The New Illustrated Dictionary*. Woodbridge, Suffolk: Antique Collectors' Club.

5. McKendrick, N. (1961). Josiah Wedgwood and Factory Discipline. *The Historical Journal*, 4(1), 30–51.

6. Crafts. (2011). Pride and the potteries. *Crafts, September/October,* 54–59.

7. Ewins, N. (2017). *Ceramics and Globalization: Staffordshire Ceramics, Made in China*. Bloomsbury Publishing.

8. How Middleport, one of the UK's oldest china factories, was saved. (https://www.ft.com/content/89139ac6-f702-11e3-8ed6-00144feabdc0)

9. Shapin, S. (1972). The Pottery Philosophical Society, 1819-1835: an Examination of the Cultural Uses of Provincial Science. *Science Studies*, 2, 311–336.

10. THE ENDURING CHARM OF PORTMEIRION POTTERY. (https://www.aroundtheblock.com/blogs/news/the-enduring-charm-of-portmeirion-pottery)

[14 일본 교토: 느림의 미학, 다도의 정신으로 내린 한 잔]

1. Grinshpun, H. (2013). Deconstructing a global commodity: Coffee, culture, and consumption in Japan. *Journal of Consumer Culture*, 14(3), 343–364.

2. The Creation of Coffee Culture & Modern Japan. (https://deeperjapan.com/journal/coffee-culture-in-japan).

3. A Brief History of Cold Brew Coffee (https://www.drinktrade.com/blogs/education/cold-brew-coffee-history?srsltid=AfmBOop3tnfnjLKrxr9Zz7vvh5Qqsvp UkcBcnhh8ZfLMHMXz09HFMeCi)

4. The incredible story of Kyoto cold brew (https://www.farmersunioncoffee.com/blogs/news/the-incredible-story-of-kyoto-cold-brew)

5. History of Inoda Coffee (https://www.inoda-coffee.co.jp/english/history/)

6. Inoda Coffee: One of the oldest Japanese-style cafes in Kyoto! (https://www.magical-trip.com/media/inoda-coffee-one-of-the-oldest-japanese-style-cafes-in-kyoto/)

7. Ogawa Coffee: Fusion of Traditional Style and Modern Ambience! (https://www.magical-trip.com/media/ogawa-coffee-fusion-of-traditional-style-and-modern-ambience/)

8. Brewing ethical coffee culture at Ogawa Coffee Sakaimachi Nishiki Café (https://zenbird.media/brewing-ethical-coffee-culture-at-ogawa-coffee-sakaimachi-nishiki-cafe/)

9. % Arabica (https://en.wikipedia.org/wiki/%25_Arabica)

10. Kyoto's Best Coffee Shops: Where to Find Your Perfect Brew (https://medium.com/@yinlewang/kyotos-best-coffee-shops-where-to-find-your-perfect-brew-55cc3e9b2c67)

11. Japan's Coffee Dynasty (https://www.gcrmag.com/japans-coffee-dynasty/)

12. Another Aspect of Kyoto, as a Town of Tea: Sumiyama District (https://att-japan.net/en/culture/249/)

[15 이탈리아 밀라노: 속도와 스타일의 혁명, 에스프레소의 심장]

1. Morris, J. (2010). Making Italian expresso, making espresso Italian. *Food & History*, 8(2), 155-184.

2. Bersten, I. (1993). *Coffee Floats, Tea Sinks: Through History and Technology to a Complete Understanding*. Helian Books.

3. The History of Espresso Machines (https://counterculturecoffee.com/blogs/counter-culture-coffee/history-of-espresso-machines)

4. History of the Espresso Coffee machine: from its origins to the present day (https://cellinicaffe.com/blogs/coffee-vibes/storia-della-macchina-del-caffe-espresso)

5. Bersten, I. (2013). *The History of the Gaggia Lever Espresso Machine*. Macchinabar.

6. Hoffmann, J. (2018). *The World Atlas of Coffee: From Beans to Brewing -- Coffees Explored, Explained and Enjoyed*. Firefly Books.

7. Q10 – Barcode (https://www.behance.net/gallery/3055239/Q10-LaCimbali-Coffee-Machine?locale=en_US)

8. MUMAC - Museum of Coffee Machine (https://www.mumac.it/en/)

9. Morris, J. (2018). *Coffee: A Global History*. London: Reaktion Books.

10. Prada takes majority stake in Milan's pasticceria Marchesi (https://wwd.com/fashion-news/fashion-scoops/sweet-tooth-7595414/)

11. Camparino in Galleria (https://www.camparino.com/)

12. Starbucks Reserve Roastery Opens in Milan (https://archive.starbucks.com/record/starbucks-reserve-roastery-in-milan)

[16 스위스 취리히: 오차 없는 정밀함, 완벽을 향한 스위스 정신]

1. Deloitte, (2024), *Deloitte Coffee Study 2024*, Deloitte.

2. Morris, J., (2018), *Coffee: A Global History*, Reaktion Books.

3. Your favourite coffee was probably made by a Swiss machine. (https://www.swissinfo.ch/eng/multinational-companies/your-favourite-coffee-was-probably-made-by-a-swiss-machine/73444319)

4. Our Swiss Experience, Jura World of Coffee – a very pleasant experience not only for coffee lovers. (1. Deloitte, 2024, *Deloitte Coffee Study 2024*, Deloitte.

5. *Jura Elektroapparate*. (https://en.wikipedia.org/wiki/Jura_Elektroapparate)

6. Jura, *Company Portrait*. (https://kr.jura.com/en/about-jura/company-portrait)

7. Manufacturing in the Greater Zurich Area. (https://www.greaterzuricharea.com/en/manufacturing-greater-zurich-area)

8. Switzerland's Coffee Valley: A Global Hub for Innovation. (https://www.nolato.com/en/Stories/Switzerland-coffee-valley)

9. Thermoplan AG. (https://en.wikipedia.org/wiki/Thermoplan_AG)

10. Schaerer Ltd. (https://en.wikipedia.org/wiki/Schaerer_Ltd)

11. Confiserie Sprüngli (https://en.wikipedia.org/wiki/Confiserie_Spr%C3%BCngli)

12. Café & Conditorei 1842 (https://en.wikipedia.org/wiki/Caf%C3%A9_%26_Conditorei_1842)

13. 4 Specialty Cafés to Check Out in Zurich – MAME Coffee. (https://www.baristamagazine.com/4-specialty-cafes-in-zurich-you-need-to-try/)

제5장 커피, 미래를 경작하다

[17 에티오피아 아디스아바바: 이름을 얻는 커피, 이름을 잃는 커피]

1. Hoffmann, J. (2018). *The World Atlas of Coffee: From Beans to Brewing - Coffees Explored, Explained and Enjoyed*. Firefly Books.

2. Pendergrast, M. (2019). *Uncommon Grounds: The History of Coffee and How It Transformed Our World*. Basic Books.

3. USDA Foreign Agricultural Seivice, (2023). *Ethiopia Coffee Annual*, United States

Department of Agriculture Foreign Agricultural Seivice.

4. Addis Mercato. (https://en.wikipedia.org/wiki/Addis_Mercato)

5. Coffee Standards - Specialty Coffee Association. (https://static1.squarespace. com/static/584f6bbef5e23149e5522201/t/5d936fa1e29d4d534204 9d74/1569943487417/Coffee+Standards-compressed.pdf)

6. Ethiopian Commodity Exchange. (https://en.wikipedia.org/wiki/Ethiopia_ Commodity_Exchange)

7. Direct Trade and the Ethiopian Commodities Exchange: What's the Problem? - Perfect Daily Grind. (https://perfectdailygrind.com/2016/06/direct-trade-and-the-ethiopian-commodities-exchange-whats-the-problem/)

8. The Coffee War: Ethiopia and the Starbucks Story – WIPO. (https://www.wipo. int/en/web/ip-advantage/w/stories/the-coffee-war-ethiopia-and-the-starbucks-story)

9. Ethiopian Coffee Varieties from Sidamo to Yirgacheffe. (https://dabov.us/content/ ethiopian-coffee-varieties-from-sidamo-to-yirgacheffe?srsltid=AfmBOoqz7ddRqPq OLCnFQTfcNo2KKxyGLrzhmu5H0t5LAeWnuk45dbpg)

10. Mengistie, G. (2011). *The Ethiopian Fine Coffee Designations Trade Marking & Licensing Initiative Experience,* WIPO.

11. The Ethiopian Coffee Ceremony: A Rich Cultural Tradition Beyond the Brew. (https://furtherafrica.com/2025/03/07/the-ethiopian-coffee-ceremony-a-rich-cultural-tradition-beyond-the-brew/)

12. Tomoca Coffee. (https://en.wikipedia.org/wiki/Tomoca_Coffee)

13. Moyee Coffee – Our story. (https://www.moyeeethiopia.com/story)

[18 페루 쿠스코: 안데스의 희망, 공동체의 미래를 경작하다]

1. Dicum, G. & Luttinger, N. (1999). *The Coffee Book: Anatomy of an Industry from Crop to the Last Drop*, The New Press.

2. A Producer's Guide to Peru's Coffee-Growing Regions - Perfect Daily Grind. (https://perfectdailygrind.com/en/a-producers-guide-to-perus-coffee-growing-regions/)

3. The Ecological Benefits of Shade-Grown Coffee: The Case for Going Bird Friendly - *Smithsonian Migratory Bird Center*. (https://nationalzoo.si.edu/migratory-birds/ ecological-benefits-shade-grown-coffee)

4. United States Department of Agriculture. (2023). *Coffee: World Markets and Trade*. USDA.

5. Coffee farmers in Peru abandon crops to grow coca: group – Reuters. (https://www.reuters.com/article/markets/currencies/coffee-farmers-in-peru-abandon-crops-to-grow-coca-group-idUSKCN1QE2OM/)

6. C.A.C. Pangoa: Providing an Alternative to Coca Production in Peru – Root Capital. (https://rootcapital.org/story/cac-pangoa-providing-an-alternative-to-coca-production-in-peru/)

7. 10 Best Cafes in Cusco, Peru for Amazing Coffee. (https://flcchn.com/best-cafes-cusco/)

8. Läderach, P. et al. (2017). *Climate Change and Food Systems: Global assessments and implications for food security and trade*. Food and Agriculture Organization of the United Nations.

[19 콜롬비아 메데인: 상처의 땅에서 커피로 피워낸 혁신과 재생의 미래]

1.*Story of cities #42: Medellín escapes grip of drug lord to embrace radical urbanism*. (https://www.theguardian.com/cities/2016/may/13/story-cities-pablo-escobar-inclusive-urbanism-medellin-colombia)

2.Federación Nacional de Cafeteros de Colombia. (https://es.wikipedia.org/wiki/Federaci%C3%B3n_Nacional_de_Cafeteros_de_Colombia)

3.Juan Valdez and Colombian Coffee: The Story Behind the Iconic Brand. (https://cafecolombianroast.com/juan-valdez-and-colombian-coffee/)

4.A guide to coffee culture in Medellín. (https://perfectdailygrind.com/2021/02/a-guide-to-coffee-culture-in-medellin/)

5.Chiroso: An up-and-coming competition coffee? (https://perfectdailygrind.com/2024/02/chiroso-up-and-coming-competition-coffee/)

6.How Medellin went from murder capital to hipster holiday destination. (https://www.telegraph.co.uk/travel/destinations/south-america/colombia/articles/medellin-murder-capital-to-hipster-destination/)

7.Medellin Coffee Tour: Is it Worth It and Which One To Take. (https://www.thislifeintrips.com/medellin-coffee-tour-farm-worth-it/)

[20 베트남 달랏: 식민지의 유산, 커피 강국의 미래를 싹 틔우다]

1.Trade Statistics Table – International Coffee Organization. (https://ico.org/resources/trade-statistics-tables/#)

2.Da Lat - Wikipedia. (https://en.wikipedia.org/wiki/Da_Lat)

3.Hoffmann, J. (2018). *The World Atlas of Coffee: From Beans to Brewing*. Firefly Books.

4.Vietnamese Coffee & The Path Towards High-Quality Arabica - Perfect Daily Grind.(https://perfectdailygrind.com/2018/05/vietnamese-coffee-the-path-towards-high-quality-arabica/)

5.Improving Vietnam's Coffee Quality, One Variety At A Time – Sprudge. (https://sprudge.com/improving-vietnams-coffee-quality-one-variety-at-a-time-133012.html)

6.Vietnam's small (but growing) specialty coffee movement – La Viet Coffee. (https://laviet.coffee/en/vietnams-small-but-growing-specialty-coffee-movement/)

7. Exploring The Coffee Culture Of Dalat: Must-Try Coffee Tours In Viet Nam Highlands. (https://tamtrinhcoffee.com/exploring-the-coffee-culture-of-dalat/)